婴幼儿照护实操

主编 金 伶 任 环 陈 妍
参编 海 莺 李云飞 宋佳淼

大连海事大学出版社
DALIAN MARITIME UNIVERSITY PRESS

北京理工大学出版社
BEIJING INSTITUTE OF TECHNOLOGY PRESS

© 沈阳市旅游学校 2024

图书在版编目（CIP）数据

婴幼儿照护实操 / 金伶，任环，陈妍主编. -- 大连：大连海事大学出版社；北京：北京理工大学出版社，2024.12.
ISBN 978-7-5632-4649-6

Ⅰ. TS976.31

中国国家版本馆 CIP 数据核字第 2024S8D249 号

YINGYOU'ER ZHAOHU SHICAO

北京理工大学出版社
大连海事大学出版社　　出版发行

地址：北京市丰台区四合庄路 6 号　　邮编：100070
　　　大连市黄浦路 523 号　　　　　　116026
电话：010-68914026　　　　　　　　 0411-84729665

河北盛世彩捷印刷有限公司印装

2024 年 12 月第 1 版	2024 年 12 月第 1 次印刷
幅面尺寸：210 mm × 285 mm	印张：9.5
字数：192 千	印数：1~2000 册

责任编辑：阮琳涵	责任校对：宋彩霞
封面设计：华夏启文	版式设计：刘益军
策划编辑：张荣君	文稿编辑：邓　洁

ISBN 978-7-5632-4649-6　　定价：38.00 元

前言

现今，中职幼儿保育专业正处在转型后的发展时期。为贯彻落实党的二十大精神，积极推进专业课程体系建设，进一步明确中职幼儿保育专业人才培养模式，培养一专多能的复合型人才，全面落实《托儿所幼儿园卫生保健工作规范》《托育机构保育指导大纲（试行）》等要求，《婴幼儿照护实操》这本具有实用性和操作性的新型活页教材应运而生。

本教材融入"岗课赛证融通，四位一体育人"理念，以模块、项目为框架，以任务为引领，采用"任务导向，六阶递进"策略，各任务下设有案例导入、知识准备、任务实施、任务评价、拓展延伸等项目，任务评价表等评价内容则融入了赛证评价标准，构建了多元化、全过程的教学体系，并有丰富的知识拓展内容，能够在学生实习实践、升学就业、考取技能证书、参加技能大赛等多方面发挥重要作用。

在婴幼儿保育和照护理论知识的基础上，本教材分为婴幼儿安全照护、婴幼儿生活照料、婴幼儿日常保健和婴幼儿早期发展指导四个模块，融入托幼机构一日生活中的安全照护、生活照料、日常保健和急症处理内容，并结合国赛、省赛的早期发展项目，在早教课程方面给予学生指导。

与传统的婴幼儿保育教材不同，本教材的编写强调实践操作，着重解决托幼机构中实际存在的具体问题，案例可随时增减，方便教学中随时调整内容。编写过程参考了国内外的资料，既有理性梳理，又有对客观数据和现象的分析。考虑到学生未来就业的需求及接受能力，我们利用学校产教融合实训教室和产教融合实训基地进行了实地拍摄，在教材中嵌入了图片和视频，使内容形象、直观、通俗易懂，便于学生理解，使学生成为学习的主体，发挥他们的积极性和主动性，从而达到素质教育目标。

　　本教材在提高学生知识水平和能力的同时，注重素质拓展，让学生在实际操作时有目标、有方向，为培养有师德、有情怀、有文化、会实操，适应岗位需求，兼备职业素养与职业技能的托育教育人才服务。本教材在实现"三教"改革、促进"岗课赛证"融通、提高中职学生职业素养、加强实践技能训练、全面锻炼学生的表现力以及促进园校合作交流等方面都进行了很好的尝试，希望为优质校建设及促进本专业区域协调发展做出自己的贡献。

　　本教材由金伶、任环和陈妍主编，海莺、李云飞和宋佳淼参编，其中任环编写了模块一；陈妍编写了模块二的项目一和项目二；宋佳淼编写了模块二的项目三；金伶编写了模块三和模块四；海莺提供了部分案例，东方爱婴早教中心李云飞园长提供了图片，全文由金伶统稿。

　　本教材的编写得到了大连海事大学出版社和北京理工大学出版社，优乐美教育科技有限公司田露婉、张祉梦，沈阳云扬科技有限公司赖旭东的大力支持，以及众多在校学生在操作实践和视频录制等工作中的全力帮助，在此一并表示衷心的感谢。

　　由于本教材涉及范围广、内容多，时间仓促，加之作者水平有限，书中难免存在疏漏之处，恳请广大读者提出宝贵意见，以便日后修订完善。

编　者

目录

模块一　婴幼儿安全照护

项目一　婴幼儿常见伤害处理 ……………………………………… 2
　　任务一　外伤出血的初步处理 ……………………………………… 3
　　任务二　烫伤的初步处理 ……………………………………… 9
　　任务三　溺水的紧急处理 ……………………………………… 15

项目二　婴幼儿饮食伤害处理 ……………………………………… 21
　　任务一　海姆立克急救法 ……………………………………… 22
　　任务二　误食的现场救护 ……………………………………… 28

模块二　婴幼儿生活照料

项目三　婴幼儿饮食照料 ……………………………………… 36
　　任务一　七步洗手法 ……………………………………… 37
　　任务二　幼儿进餐 ……………………………………… 42

项目四　婴幼儿清洁照料 ……………………………………… 48
　　任务一　幼儿刷牙 ……………………………………… 49
　　任务二　幼儿沐浴 ……………………………………… 54

项目五　婴幼儿睡眠照料	61
任务一　组织睡前活动	62
任务二　脱穿衣物指导	66

模块三　婴幼儿日常保健

项目六　婴幼儿体格生长测量	72
任务一　婴幼儿体格的测量	73
任务二　婴幼儿体格的评估	79

项目七　婴幼儿体温测量及异常处理	88
任务一　体温测量	89
任务二　体温异常处理	93

项目八　消毒与保健	100
任务一　常用消毒方法	101
任务二　日常消毒指导	105

模块四　婴幼儿早期发展指导

项目九　婴幼儿动作发展指导	110
任务一　婴幼儿粗大动作发展指导	111
任务二　婴幼儿精细动作发展指导	119

项目十　婴幼儿语言发展指导	125

项目十一　婴幼儿认知发展指导	132

项目十二　婴幼儿社会性发展指导	138

参考文献	144

模块一

婴幼儿安全照护

模块概述

本模块内容遴选了"1+X"幼儿照护职业技能初级和中级实操考试中安全防护模块的部分项目，主要通过婴幼儿生活中安全照护的常见案例，让学生形成安全急救的意识，学知识、懂常识、会操作、能救治，从而成为合格的婴幼儿保育人才。

模块导读

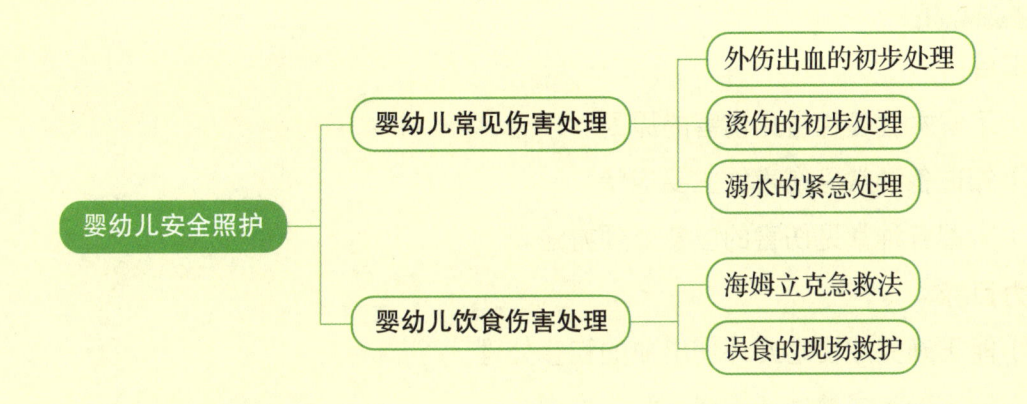

```
                            ┌─ 外伤出血的初步处理
              ┌─ 婴幼儿常见伤害处理 ─┼─ 烫伤的初步处理
              │                    └─ 溺水的紧急处理
婴幼儿安全照护 ─┤
              │                    ┌─ 海姆立克急救法
              └─ 婴幼儿饮食伤害处理 ─┤
                                   └─ 误食的现场救护
```

项目一
婴幼儿常见伤害处理

学习目标

知识目标

（1）了解发生各种常见伤害的原因。
（2）知道各种常见伤害的主要症状。
（3）掌握各种常见伤害的应急处理方法。

能力目标

（1）能正确完成婴幼儿外伤出血的初步处理。
（2）能正确完成婴幼儿烫伤的初步处理。
（3）能正确完成婴幼儿溺水的紧急处理。

素质目标

（1）具有发现婴幼儿安全风险的敏锐性和责任心。
（2）具有冷静、果断地处理问题的态度和职业精神。
（3）尊重每个婴幼儿的生命，把救护婴幼儿、保护婴幼儿生命放在首位。

任务一　外伤出血的初步处理

案例导入

在某幼儿园活动室，佳佳老师在组织孩子们做手工，4岁的萌萌拿着小剪刀不小心摔了一跤，剪刀割破了左前臂，鲜血流了出来。

任务：作为照护者，请完成萌萌外伤出血的初步处理。

知识准备

因婴幼儿缺乏自我保护意识，外伤出血非常常见。外伤出血可分为外出血和内出血两种。婴幼儿外伤出血往往是外出血，即血液从伤口流向体外，常见于抓伤、擦伤、刺伤、切割伤、挤伤等。

一、抓伤

1. 原因

托幼机构，尤其是托小班的婴幼儿，非常顽皮，容易冲动，安全意识较差，易在嬉戏打闹过程中造成抓伤。同时，这个年龄段的幼儿语言发展状况比较差，在争抢玩具或者图书等物品时，常常喜欢动手来解决问题，从而发生抓伤事故。

2. 应急处理方法

（1）皮肤没有破损，应及时将冷毛巾或者冰袋敷于受伤部位，减轻疼痛。

（2）皮肤破损流血，先用生理盐水或流动的自来水清洁受伤部位，然后用碘伏对伤口及周围皮肤进行消毒并加压止血。

二、擦伤

1. 原因

擦伤是婴幼儿外伤中发生概率最高的一种。婴幼儿的运动系统和神经系统发育不完善，身体协调性差，动作不够熟练，导致他们在运动过程中经常摔倒，从而造成裸露部位发生擦伤。尤其在夏天，由于衣物穿得轻薄，裸露部位增多，易受擦伤的部位更多，伤口也往往更深。

2. 应急处理方法

（1）首先观察伤口的深浅程度。如果皮肤未破、伤处肿痛、颜色发青，可进行局部冷敷，防止皮下继续出血。一天后再热敷，以促进血液循环和吸收，减轻表面肿胀。

（2）如果皮肤创伤面小而浅，仅蹭破表皮，没有出血，只需用生理盐水或流动的自来水将伤口处的污物清洗干净即可。

（3）如果皮肤创伤面积较大且伤口较深，应先及时止血，然后清洗伤口并用碘伏消毒，最后在伤口上涂抹止痛的药物。

（4）如果擦伤的伤口上粘有无法自行清洗掉的小石子、玻璃渣等污物，或受伤部位肿胀、严重疼痛、血流不止，或者伤到重要部位（如头部），应及时送往医院治疗。

三、刺伤

1. 原因

婴幼儿往往拥有强烈的好奇心，他们在探索世界的过程中很容易被花草、竹签、牙签、木棍、铁钉、水果刀、筷子、笔等尖锐物品刺伤。

2. 应急处理方法

（1）若花草的刺、木刺或者竹刺等尖锐物体扎入婴幼儿的皮肤，并滞留在皮肤中，应先用生理盐水或流动的自来水对伤口及周围皮肤进行清洁并消毒，然后用消过毒的针或镊子顺着刺的方向将刺全部挑拔出来，并挤出淤血，最后用碘伏对伤口进行消毒。

（2）被铁钉、剪刀等金属制品刺伤时，若伤口较浅，且异物没有嵌入体内，可先用力在伤口周围挤压，将淤血和污物挤出，然后用碘伏进行消毒，最后送往医院做进一步的检查和处理。

（3）若刺入体内的异物比较粗大或者伤口较深，不可自行拔出异物，也不能按压伤口，应立即拨打120急救电话或直接送往医院治疗。

四、切割伤

1. 原因

婴幼儿的大肌肉群发育较早，而小肌肉群发育较晚，手的精细活动尚不完善，因此在使用剪刀、小刀等文具，或者触碰破碎的玻璃器皿、陶器以及纸张、草叶等时容易将手划破。切割伤的特点是伤口比较整齐且面积往往较小，严重的切割伤则可切断肌肉、神经等，甚至使肢体分离。

2. 应急处理方法

（1）创伤较小、只有少量出血时，应先挤出伤口内的少量血液。如果伤口污染较严重，应先用干净的纱布拭去污物，或者用生理盐水或流动的自来水冲洗伤口，然后用碘伏由内向外对伤口周围进行消毒，注意防止伤口感染。

（2）创伤较大、出血量多时，应先用干净的纱布按压伤口止血，然后用碘伏由内向外对伤口周围进行消毒。不可将药棉或有绒毛的布块直接盖在伤口上，也不可对伤口乱上药，以免影响医生对伤情的判断。

（3）如果是生锈的铁器或沾染污泥的利器造成的切割伤，应由医生决定是否注射预防破伤风的药物。

（4）如果婴幼儿的手指被利器割断，应保护好断指（可将断指装入消过毒的玻璃容器或用干净的塑料袋、手帕包住，切忌将断指放入酒精或者其他消毒液中），并连同婴幼儿一起送往医院救治。

五、挤伤

1. 原因

婴幼儿的手指容易被门窗或者抽屉挤伤。症状较轻的婴幼儿会感到轻微疼痛，手指皮肤变青紫或指甲淤血。症状较重的婴幼儿会出现指甲脱落、甲床撕裂或指骨骨折。

2. 应急处理方法

（1）首先要观察婴幼儿的手指是否活动受限，如果活动受限，应考虑存在骨折或者肌腱损伤的可能，需要到医院做进一步的检查。

（2）如果只是软组织损伤且皮肤没有破损，应立即将冷毛巾或冰袋敷于受伤部位，以减轻疼痛并防止血肿增大；也可将受伤的手高举过心脏（促进血液回流，减轻肿胀），以缓解疼痛。

（3）如果皮肤破损并伴有出血，应先对伤口进行止血、消毒处理，然后包扎、冷敷。

（4）如果指甲掀开或脱落，不可自行处理，应立即送往医院救治。

任务实施

一、任务准备

（1）物品准备：照护床、椅子、仿真幼儿模型、无菌纱布、胶布、创可贴、棉签、绷带、碘伏消毒液、治疗盘、弯盘、签字笔、记录本、免洗手消毒剂。用物准备齐全，摆放有序。

（2）照护者准备：着装整齐、得体，修剪好指甲，摘掉佩戴的饰品。

（3）环境准备：周围环境整洁、安全、温湿度适宜。

二、评估幼儿

评估幼儿的生命体征和意识状态，主要看创面是否伴有活动性出血、幼儿合作程度是否良好；评估幼儿心理情况，主要看幼儿有无惊恐。

三、任务计划

预期目标：控制出血，保护伤口。

四、任务实操

1. 检查伤口

老师："哎呀，宝宝怎么哭了？宝宝的左前臂被剪刀割伤了！让老师看看其他部位有没有被割伤。"（跑向幼儿，察看"手臂"，上下前后要都看一遍）

经检查，幼儿全身其他部位无割伤，左前臂可见一长约 1 厘米的横行不规整创口，创面伴活动性出血，伤口无异物。

2. 急救处理

老师："宝宝别怕，老师这就帮你处理。"

急救处理时，首先使伤口暴露。

老师："老师帮你把袖子挽起来。"

准备现场用物，用七步洗手法洗净双手（要用手背压洗手液按压泵）。

少量出血时，可先用棉签按压止血，再用 0.5% 碘伏消毒后贴创可贴。如果伤口有泥沙等异物，应清理后再消毒、包扎、止血。出血量较大时，先用干净的厚无菌纱布覆盖在伤口上按压敷料 10~20 分钟，再用无菌绷带固定垫在伤口上的纱布。用环形包扎法重叠缠绕，从身体远端缠向近端，缠绕不少于 2 周。将绷带尾部从中间纵向剪开 10 厘米，再打一个结，然后检查伤口有无发绀或肿胀。若出血不止，应及时送往医院。

老师："宝宝，我们的小伤口已经包扎起来啦，现在老师带你去休息一下。"

3. 后续处理

将幼儿带到安全的环境中休息，马上通知家长（手做拨打电话状），整理好物品，用七步洗手法洗净双手，在工作记录本上记录照护幼儿的措施。

任务评价

请根据学生任务完成情况填写任务评价表。

考核内容		考核点	分值	评分要求	得分
准备	照护者	着装整齐	3	不规范扣3分	
	环境	整洁、安全	3	不规范扣3分	
	物品	用物准备齐全	3	少1项扣1分，扣完为止	
	幼儿	评估外伤出血状况、幼儿合作程度	4	未评估扣4分，不完整扣1~2分	
		评估幼儿心理情况（有无惊恐）	2	未评估扣2分	
计划	预期目标	口述：控制出血，保护伤口	5	无口述或口述不正确扣5分	
实施	检查伤口	检查外伤出血的原因与表现	3	未检查扣3分	
		口述检查结果	2	无口述或口述不正确扣2分	
	急救处理	安抚幼儿，暴露伤口	5	方法不对扣5分，不标准扣2分	
		准备用物，洗净双手	5	不洗手扣5分	
		出血量大时，用干净的厚无菌纱布覆盖伤口10~20分钟	15	方法不对扣10分	
		绷带加压包扎法、环形包扎法	10	方法不对扣5分	
		检查伤口有无发绀或肿胀，出血不止时及时送医	5	方法不对扣5分	
		口述：少量出血时，先用棉签按压止血，消毒后贴创可贴	5	无口述或口述不正确扣5分	
		口述：伤口有异物时，先清理，后包扎止血	5	无口述或口述不正确扣5分	
	整理记录	整理用物，妥善安置幼儿	2	未整理扣2分	
		洗手	2	洗手不正确扣2分	
		记录照护措施	1	不记录扣1分	
其他		操作规范，动作熟练	5	实施急救过程有1处错误扣5分	
		快速有效止血	5	血未止扣5分	
		态度和蔼，动作轻柔，关爱幼儿	5	态度不和蔼，动作不轻柔扣5分	
		与家长有效沟通，通力合作	5	无效沟通扣5分	
总分			100		

> 拓展延伸

常用外伤止血方法

在医学上，血液自心、血管腔逸出的现象称为出血。如果溢出的血液进入体腔、脏器或组织内，称为内出血；如果从伤口流出体外，称为外出血。

下面根据外出血的种类，介绍相应的止血方法。

一、毛细血管出血

毛细血管出血，血液为红色，从伤口处似水珠样滴出，一般可自行凝固，无须做特殊处理。

二、静脉出血

静脉出血，血液为暗红色或者深红色，缓慢地从伤口处涌出。对于小静脉出血，用碘伏对伤口周围皮肤消毒后，用消毒纱布或棉垫盖在伤口上并缠以绷带，即可止血。对于大静脉出血，要及时拨打120急救电话求助，同时用手或者绷带、止血带等物品压住伤处止血。

三、动脉出血

动脉出血，血液为鲜红色，从伤口处搏动性喷出，通常无法自行停止，出血速度快且量多，危险性大。一定要用最快的速度把伤者送往医院，并且在到达医院之前，需采取正确的止血措施。

根据不同的出血种类，止血方法有三种：

1. 加压包扎止血法

加压包扎止血法适用于小动脉以及静脉或毛细血管损伤的出血，是最常见的止血方法。用无菌纱布或者干净的毛巾覆盖伤口后，把纱布、棉花、毛巾、衣服等折叠成相应大小的垫，放在无菌纱布或者干净的毛巾上面，然后用绷带、三角巾等紧紧包扎，以出血停止为度。手、脚出血时，可以将出血的部位抬高，使其高于心脏，止血效果更佳。如果伤口内有碎骨片，则禁用此法，以免加重伤势。

2. 止血带止血法

止血带止血法适用于四肢较大动脉出血以及其他止血法不能奏效时。常用的止血带为橡皮管，如果没有橡皮管，可就地取材，如绷带、领带、布条、麻绳等，将其折叠成条状，即可作为止血带使用。止血带止血法稍具危险性，需要严格掌握好捆绑的部位和时间，如使用不当，可造成肢体缺血、坏死，以及急性肾功能衰竭等严重并发症。所以不到紧要关头，最好不要随意使用此法止血。

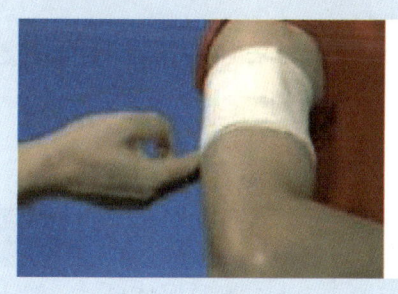

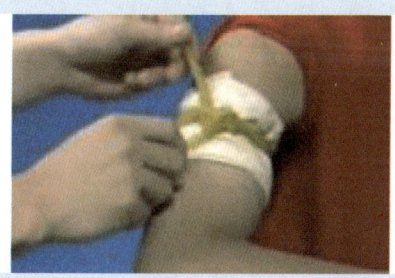

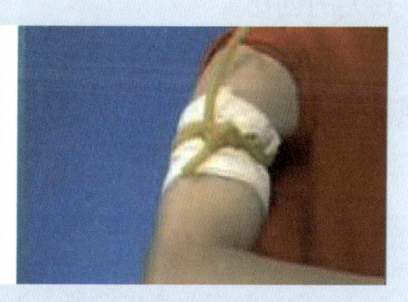

3. 指压止血法

施救者用手指或手掌把出血部位上端（近心端）的动脉血管压在骨骼上，使血管闭塞、血流中断，从而达到暂时止血的目的。此法用于动脉出血时的紧急抢救，不宜长时间使用，需在短时间内改换其他止血方法。

任务二 烫伤的初步处理

案例导入

在某托幼机构餐厅，宝宝们都坐在餐桌前等待吃午餐。2岁的强强迫不及待地伸手抢过阿姨手上的餐碗，餐碗打翻在地，碗里滚烫的面汤浇在他的右脚背上，他立马大哭起来。后经检查，发现强强右脚背皮肤表面呈红斑状、干燥，有烧灼感，无明显的水泡。

任务：作为照护者，请完成强强烫伤的初步处理。

知识准备

一、烫（烧）伤的原因

据统计，我国每年受不同程度烫（烧）伤的人中，婴幼儿占比30%以上。在婴幼儿烫（烧）伤中，因开水、热粥、热汤等造成的烫伤占首位，火焰烧伤次之，此外，还有化学烧伤，如石灰烧伤，电击烧伤也时有发生。

二、烫（烧）伤的主要症状

婴幼儿由于肌肤娇嫩，烫（烧）伤发生时，受伤程度往往比成年人严重得多，轻则留疤，重则导致生命危险。烫（烧）伤不仅仅给婴幼儿的身体带来疼痛，对他们的心理也会造成较大的创伤。

烫（烧）伤的严重程度主要根据烫（烧）伤的部位、面积和深浅来判断，可分为三度，其中Ⅱ度又可分为浅Ⅱ度和深Ⅱ度，烫（烧）伤的严重程度如表1-1所示。

表1-1 烫（烧）伤的严重程度

深度	局部体征	局部感觉	预后
Ⅰ度	仅伤及表皮浅层，生发层健在，皮肤红肿，无水泡	灼热疼痛	3~7天脱屑痊愈，一般不留瘢痕
浅Ⅱ度	伤及表皮的生发层和真皮乳头层，皮肤肿胀发红，有水泡	剧烈疼痛	若无感染，创面可于1~2周内愈合，短期内可存在一定的色素沉着
深Ⅱ度	伤及真皮深层，水泡较小，创面呈浅红色或白中透红，可见网状栓塞血管	痛觉迟钝	3~4周痊愈，有瘢痕增生
Ⅲ度	伤及皮肤全层，可深达肌肉、骨骼甚至内脏器官等，皮肤坏死，创面蜡白或焦黄，甚至碳化，皮肤较硬、干燥，可见树枝状栓塞血管	痛觉消失	肉芽组织生长后留下瘢痕

烫（烧）伤等级越高，则烫（烧）伤程度越严重，伤口愈合时间越长（图1-1）。烫（烧）伤较严重时，需要及时到医院就诊，在医生指导下进行相应的处理。

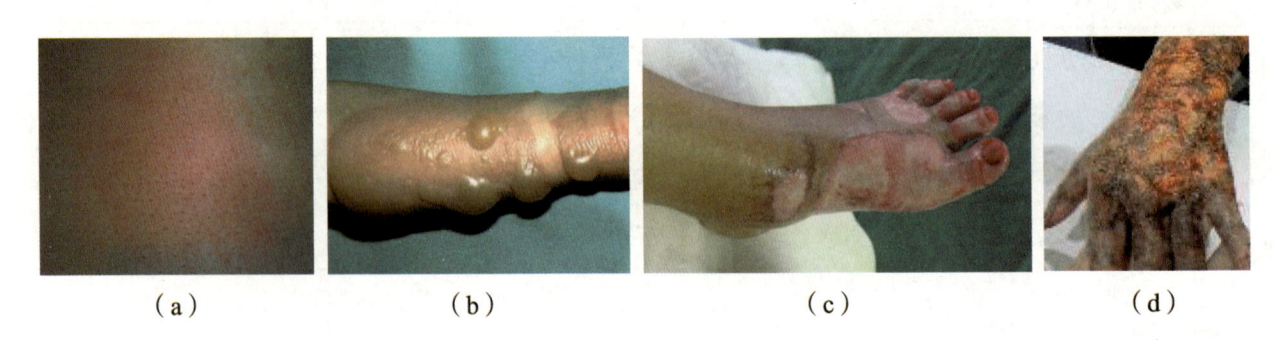

(a)　　　　　　　　(b)　　　　　　　　(c)　　　　　　　　(d)

图1-1 烫（烧）伤等级
(a)Ⅰ度；(b)浅Ⅱ度；(c)深Ⅱ度；(d)Ⅲ度

三、烫（烧）伤的应急处理方法

烫（烧）伤应急处理分五个步骤，简称为"冲、脱、泡、盖、送"。

1. 冲

立即将烫（烧）伤的部位用流动的清水轻轻冲洗10~20分钟。如果受伤部位不方便用流动水降温，可以用凉的湿纱布或毛巾，交替覆盖在烫（烧）伤部位，覆盖30分钟。

如果受伤部位无水泡或者水泡未破裂，则要避免直接使用冰块或冰水去冷却受伤部位的皮肤，这样会加剧疼痛，也可能加重局部的损伤。如果受伤部位水泡破裂，不可冲淋，应改用冰敷。

2. 脱

充分冲洗后，在冷水中小心除去衣物，可以用剪刀剪开。千万不要强行剥去与皮肤粘连的衣物，以免弄破水泡，因为水泡表皮在烫（烧）伤早期有保护创面的作用，能够减轻疼痛、减少渗液。由于烫（烧）伤后受伤部位及邻近部位会肿胀，要在伤处尚未肿胀前把患儿身上的手镯、鞋子及其他紧身衣物去除，防止肢体肿胀后无法去除，导致更严重的损伤。

3. 泡

对于疼痛明显的患儿，可将受伤部位持续浸泡在冷水中 10~30 分钟。对于大面积烫（烧）伤的患儿，要注意浸泡的水温，一般为 15~20℃，避免使体温下降过度。

4. 盖

使用干净的无菌医用纱布或棉质的布类覆盖于伤口，并加以固定，以减少外界的污染和刺激，保持创口的清洁。需要注意的是，不要在烫（烧）伤的创面涂抹不适宜物质，如不明剂量的抗生素、消毒剂、汞溴红溶液、甲紫溶液、酱油、香油、牙膏、香灰等，也不要随意敷用自制草药，因为这些物质对创面不起任何治疗作用，反而可能造成细菌感染，加重烫（烧）伤深度。

5. 送

以下情况需及时转送到专门治疗烫（烧）伤的正规专科医院进行进一步治疗。

（1）患儿在 5 岁以下。

（2）烫（烧）伤面积大，最大直径超过 8 厘米。

（3）烫（烧）伤部位位于脸部、脚部、生殖器部位，或者靠近关节。

（4）烫（烧）伤伤口很深，皮肤缺失、糜烂。

（5）患儿体温高于 38℃，或有感染表现。

任务实施

一、任务准备

（1）物品准备：签字笔、记录本、免洗手消毒剂、碘伏、棉签、无菌纱布等敷料、胶布、剪刀、治疗盘、弯盘、面盆、医用垃圾桶、医用垃圾袋、桌子、椅子、仿真幼儿模型。用物准备齐全，摆放有序。

（2）照护者准备：着装整齐、得体，修剪好指甲，摘掉佩戴的饰品。

（3）环境准备：周围环境整洁、安全、温湿度适宜。

二、评估幼儿

评估幼儿的生命体征和意识状态，主要看幼儿皮肤表面是否呈红斑状、干燥、有烧灼感，有无明显的水泡；评估幼儿心理情况，主要看幼儿状态是否良好、有无惊恐。

三、任务计划

预期目标：烫伤得到初步处理。

四、任务实操

1. 检查伤口

老师："宝宝，你怎么哭啦？宝宝的右脚背被滚烫的面汤烫伤了。让老师看看你其他部位有没有烫伤。"经检查，宝宝全身其他部位无烫伤，状态良好，意识及生命体征正常；右脚背皮肤表面呈红斑状、干燥，有烧灼感，无明显的水泡，初步判断为Ⅰ度烫伤。

2. 急救处理

老师："宝宝不哭了，老师这就给你处理。"

将幼儿带到安全的环境中，立即用流动清水充分淋洗烫伤处，冲洗10~20分钟，至疼痛明显缓解。

老师："宝宝是不是好多了？要是还那么痛的话，我们就再冲一会儿。"

去除创面外覆盖的衣物，必要时用剪刀剪开。将创伤处浸泡于冷水中10~30分钟，以降低热度、减轻疼痛。如果水泡破裂则不可浸泡，改用冰敷，保护伤口并迅速送医院。

老师："宝宝，老师再给你包扎一下吧，把小伤口保护起来。"（用手帕擦宝宝脚上的水。）

老师："宝宝，把脚放在这儿，等一下老师，让老师准备一下。"（把宝宝的脚轻轻放在另一条腿上，准备包扎用品。）

老师："宝宝，把脚放上去。"（把宝宝的脚轻轻放在干净的桌子上。）

老师："宝宝，下次可一定要小心一点儿，千万不要再被烫伤了，你看多痛啊。对不对？宝宝今天和老师配合得可真有默契。老师给你一个大大的赞！老师给你包好，再系一个漂亮的蝴蝶结，可千万不要乱动哦。宝宝，老师抱你到旁边人少的地方休息。"（用干净的医用纱布覆盖创面，再用三角巾进行简单包扎，将幼儿抱到安全的环境中休息。）

如果发现烫伤严重，应立即送至医院进行进一步的检查和治疗。

3. 后续处理

马上通知家长（手做拨打电话状），整理好物品，用七步洗手法洗净双手，在工作记录本上记录照护幼儿的措施。

任务评价

请根据学生任务完成情况填写任务评价表。

考核内容		考核点	分值	评分要求	得分
准备	照护者	着装整齐	3	不规范扣1~2分	
	环境	整洁、安全	3	不规范扣3分	
	物品	用物准备齐全	3	少1项扣1分,扣完为止	
	幼儿	评估幼儿生命体征、意识状态	4	未评估扣4分,不完整扣1~3分	
		评估幼儿心理情况(有无惊恐)	2	未评估扣2分	
计划	预期目标	口述:烫伤得到初步处理	3	未口述扣3分	
实施	观察情况	检查烫伤情况,口述原因、部位等	7	未检查扣4分,无口述扣3分	
		口述检查结果	2	无口述或不正确扣2分	
	创面处理	将幼儿安置于流动水冲淋处并安抚其情绪	5	动作粗暴扣3分,未安抚幼儿扣2分	
		用流动水淋洗烫伤处10~20分钟	8	未淋洗扣8分,时间不够扣4分	
		去除烫伤部位衣物,必要时用剪刀剪开	8	未去除衣物扣8分,方法不标准扣3~7分	
		检查烫伤创面情况,口述烫伤过程	7	未检查扣4分,无口述扣3分	
		将创面浸泡于冷水中,时间为10~30分钟,并口述	7	未浸泡扣4分,无口述扣3分	
		用干净敷料或布类覆盖创面后简单包扎	5	未覆盖创面扣5分	
		口述:根据病情转送至医院	3	无口述扣3分	
	整理记录	整理用物,安置幼儿休息	5	未整理扣5分,整理不到位扣2~4分	
		洗手	2	洗手不正确扣2分	
		记录照护措施	3	不记录扣3分,记录不到位扣1~2分	

续表

考核内容	考核点	分值	评分要求	得分
其他	操作规范，动作熟练	5	实施急救过程有一处错误扣5分	
	幼儿烫伤创面得到正确初步处理	5	创面未正确初步处理扣5分	
	态度和蔼，动作轻柔，关爱幼儿	5	态度不和蔼，动作不轻柔扣5分	
	与家长有效沟通，通力合作	5	无效沟通扣5分	
总分		100		

拓展延伸

化学烧伤

一、病因

与强酸、强碱、磷等化学物质接触。

二、主要症状

化学烧伤常常伴有化学品中毒：中、小面积的化学烧伤也有导致病人死亡的情况，主要就是中毒所致，如黄磷烧伤。各种化学物质的毒性不同，在体内的吸收、排泄情况也不一样，但多数经肝解毒、由肾排出，因此化学烧伤的病人临床上多见肝、肾损害。

化学品蒸气或烟雾可直接刺激呼吸道而引起呼吸道烧伤；不少挥发性化学物质由呼吸道排出，所以化学烧伤合并呼吸道烧伤或呼吸系统并发症（肺水肿、支气管肺炎等）并不少见。

1. 酸烧伤

强酸（硫酸、盐酸、硝酸）造成的酸烧伤较为常见，其共同特点是使组织蛋白凝固而坏死，能使组织脱水，不形成水疱，呈皮革样痂，一般不向深部侵袭，但脱痂时间缓慢。

2. 碱烧伤

强碱如氢氧化钠、氢氧化钾等也可使组织脱水，但与组织蛋白结合成复合物后，能皂化脂肪组织。皂化产热继续损伤组织，使碱离子向深处穿进。疼痛较剧烈，创面可扩大、加深，愈合慢。

3. 磷烧伤

磷烧伤是较特殊的化学烧伤。磷与空气接触即自燃，在暗环境中可看到蓝绿色火焰。磷是细胞原浆毒，吸收后会导致肝、肾、心、肺等脏器损害。

三、急救处理

（1）迅速脱离污染物，并立即用流动冷水冲洗 20~30 分钟。视情况应先拭去创面上的化学物质（如干石灰粉），再用流动水冲洗，以避免化学物质与水接触后产生大量热，造成创面热力烧伤等进一步损害。冲洗后可使用相应的中和剂，中和时间不宜过久，片刻之后再用流动水冲洗。

（2）及时确认是否伴有化学物质中毒，并按其救治原则及时治疗。如一时无法获得解毒剂或无法确定致毒物质时，可先用大量高渗葡萄糖和维生素 C 静脉滴注、给氧、输新鲜血液等，如无禁忌，及早应用利尿剂，然后根据情况选用解毒剂。

（3）按烧伤的治疗方法进行休克复苏及创面处理。尽早切除Ⅲ度焦痂、清除深Ⅱ度创面坏死组织，以切断毒物来源。

（4）及时处理合并症及并发症，必要时请相关科室协助诊治。

总之，化学烧伤的处理原则基本同一般烧伤，此外，还应迅速脱离现场，终止化学物质对机体的继续损害；采取有效解毒措施，防止中毒；进行全面体检和化学检测。

任务三　溺水的紧急处理

案例导入

婷婷是一个 2 岁的小女孩儿。一天，她的妈妈带着她在河边玩石头，正玩得开心的时候，婷婷一不小心滑入了河中。她的妈妈不会游泳，只能大声喊救命。路过的行人赶紧跳进河中把婷婷从河中救出，此时婷婷已经出现意识障碍，她的眼睑和面部明显水肿，眼睛充血，口鼻涌出血性泡沫痰，皮肤冷白，嘴唇发绀，腹部较膨胀。

任务：作为照护者，请完成溺水幼儿的紧急处理。

知识准备

淹溺又称溺水，是人淹没于水或其他液体介质中并受到伤害的状况。处于临床死亡状态者称为溺死，从水中救出后暂时性窒息、尚有大动脉搏动者称为近乎溺死。国家卫健委发布的数据显示，我国每年约有 5.9 万人死于溺水，其中儿童和失能老人所占比重高达 95% 以上。《2022 中国青少年防溺水大数据报告》指出，因溺水造成的伤亡位居我国 0~17 岁年龄段首位，占比高达33%；1~14岁溺水事故的比例超过40%。可见，在我国，溺水事故是造成青少年意外身亡的"头号杀手"，给家庭和社会带来了巨大的痛苦。婴幼儿溺水问题是一个不容忽视的安全隐患，加强防溺水安全意识、减少溺水事故的发生迫在眉睫。

一、溺水的原因

在夏天，溺水是婴幼儿安全的"头号杀手"。婴幼儿游泳或玩耍时，身边大人照看不周、安全意识差，往往会引发意外、酿成悲剧。

（1）缺少看护的婴幼儿在池边、岸边、井边、海滩等处玩耍时易跌落水中。

（2）在水库及坡度很大的地方，婴幼儿很容易滑倒、站不起来，导致溺水。

（3）下雨天掉入雨坑、河道、没有盖子的下水道等，导致淹溺。

（4）在海滩、游泳池游泳时，水凉导致婴幼儿的小腿抽筋，或水浪过大，易出现意外。

（5）家中的澡盆、浴缸等用后不及时清空，也容易使婴幼儿误入而溺水。

二、溺水的主要症状

1. 轻度溺水

患儿仅吸入或吞入少量液体，血压升高，心率加快，意识清楚，肤色基本正常。

2. 中度溺水

水经呼吸道或消化道进入体内，引起剧烈的咳嗽、呕吐，患儿意识模糊、烦躁不安、呼吸不规则、心率减慢。

3. 重度溺水

患儿昏迷，面色青紫或苍白，呼吸、心跳微弱或停止。

三、溺水的应急处理方法

1. 积极抢救，脱水上岸

当发现有人溺水时，应立即拨打120急救电话。救护人员如果不会游泳，可将竹竿、木板、绳索等抛给落水婴幼儿，拖其上岸。救护人员可从溺水婴幼儿后面进行救护，采取仰泳姿势，将幼儿头部托出水面，救其上岸。

2. 救出后应急处理

救出落水婴幼儿后的应急处理分五个步骤，简称为"除、吹、压、复、送"。

（1）除：清除口鼻腔内异物

上岸后，迅速将落水婴幼儿的衣服解开，清除其口、鼻中的淤泥、杂草、泡沫和呕吐物等，使上呼吸道保持畅通。施救者应快速判断婴幼儿的意识、呼吸、脉搏。

（2）吹：进行人工呼吸

对于呼吸已停止、脉搏微弱的婴幼儿，应立即进行人工呼吸，人工呼吸是使溺水婴幼儿恢复呼吸的关键步骤。恢复呼吸后，保持侧卧位，注意保暖，等待急救人员的到来。

（3）压：进行胸外心脏按压

对于呼吸及心跳均已停止的溺水婴幼儿，应立即进行胸外心脏按压。

（4）复：进行心肺复苏

胸外心脏按压与人工呼吸的配合施行，是使尚未出现医学上认定的真死亡现象的溺水婴幼儿恢复自主心跳与呼吸的重要手段。心肺复苏要持续到溺水婴幼儿呼吸脉搏恢复或者急救人员到达时。

（5）送：送往医院

待溺水婴幼儿呼吸脉搏恢复或者急救人员到达后，应立即将其送往医院进行检查和救治。

四、注意事项

（1）溺水婴幼儿无须控水。根据《2015年国际心肺复苏指南》对控水的说明，无须通过任何手段去除溺水者呼吸道中的水，以免推迟通气开始的时间，增加呕吐风险和死亡率。控水的说法由来已久、方式较多，如将溺水者放到马背上进行颠簸、拍背、摇晃或倒立。此类方式控出的基本为胃内容物，极少能控出肺中的水。在心肺复苏的过程中，通过循环恢复，可将肺中的水分吸收到循环中。因此，利用各种方法对溺水者进行控水，属于错误行为。

（2）婴幼儿溺水后，即使呼叫无反应，但只要有呼吸，就不需要进行人工呼吸。要通过意识、呼吸、脉搏三方面对溺水者的情况进行判断。

（3）如果是在野外发生溺水事件，应在保证自身安全的情况下施救。会游泳不代表会在水中救援，请不要盲目施救。如果环境危险，请先拨打119火警电话求救，尽量利用绳索、救生设备进行岸上救援；尽量多人一起施救，避免单兵作战。

任务实施

一、任务准备

（1）物品准备：硬板床、椅子、仿真幼儿模型、呼吸膜或者纱布、治疗盘、弯盘、手电筒、免洗手消毒剂、毛毯、记录本和笔。用物准备齐全，摆放有序。

（2）照护者准备：着装整齐、得体，修剪好指甲，摘掉佩戴的饰品。

（3）环境准备：周围环境整洁、安全、温湿度适宜。

二、评估幼儿

评估幼儿的生命体征和意识状态，主要看幼儿是否出现意识障碍，是否有眼睑和面部明显水肿、眼睛充血、口鼻涌出血性泡沫痰、皮肤冷白、嘴唇发绀、腹部膨胀等情况。

三、任务计划

预期目标：幼儿呼吸、心跳恢复。

四、任务实操

1. 检查伤情

检查幼儿溺水情况，发现幼儿已经出现意识障碍，眼睑和面部明显水肿，眼睛充血，口鼻涌出血性泡沫痰，皮肤冷白，嘴唇发绀，腹部膨胀，颈部无损伤。

2. 急救处理

将幼儿的头偏向一侧，清除口鼻腔内异物（取纱布擦拭幼儿嘴部），保持呼吸道通畅。

将幼儿头转正，用脸贴近幼儿鼻部感受呼吸，用右手的中指和食指按压颈动脉搏动处，发现幼儿无颈动脉搏动、无自主呼吸，请身旁其他人立即拨打120急救电话。

使幼儿仰卧于硬板床，头、颈、躯干位于同一水平面，双手位于身体两侧，身体无扭曲，解开患儿衣物拉链，充分暴露患儿胸腔。实施胸外心脏按压，按压部位为胸骨中下1/3交界处，按压频率为100~120次/分钟。单掌根部接触胸壁，上半身前倾，垂直向下用力，按压幅度以胸骨下陷4~5厘米为宜。仰头抬颏，取纱布放至幼儿嘴上，实施人工呼吸，频率为16~20次/分钟。按压与人工呼吸之比为30∶2。

重复5个循环后，用脸贴近幼儿鼻部感受呼吸，用右手的中指和食指按压颈动脉搏动处，发现幼儿颈动脉恢复，出现自主呼吸，面色、口唇、耳垂、甲床（拿起幼儿的手看指甲）、皮肤色泽转红，瞳孔由大缩小（拿手电筒照幼儿眼睛），则心肺复苏成功。

3. 后续处理

将幼儿的头偏向一侧，穿好衣服，做好保暖（取毛毯，盖在幼儿全身），迅速转移至医院。马上通知家长（手做拨打电话状），整理好物品，用七步洗手法洗净双手，在工作记录本上记录照护幼儿的措施。

任务评价

请根据学生任务完成情况填写任务评价表。

考核内容		考核点	分值	评分要求	得分
准备	照护者	着装符合要求	3	不规范扣2分	
	环境	整洁、安全	3	不规范扣3分	
	物品	用物准备齐全	3	少1项扣1分，扣完为止	
计划	预期目标	口述：幼儿呼吸、心跳恢复	5	未口述扣5分	
实施	观察情况	评估幼儿溺水后状况	3	未评估扣3分	
		溺水幼儿表现	3	无口述或口述不正确扣3分	
	急救处理	清除口鼻腔内异物，开放气道	5	未开放气道扣5分	
		快速判断幼儿意识	5	方法不对扣5分，不标准扣2分	
		判断幼儿呼吸及大动脉搏动	5	方法不对扣5分，不标准扣2分	
		立即呼救，并实施人工呼吸	15	方法不对扣15分，不标准扣5分	
		实施胸外心脏按压	15	方法不对扣15分，不标准扣5分	
		口述：幼儿复苏迹象	5	无口述或口述不正确扣5分	
		将幼儿的头偏向一侧，做好保暖，迅速转送至医院	5	方法不对扣5分	
		洗手	2	洗手不正确扣2分	
		记录照护措施	3	不记录扣3分，记录不完整扣1~2分	
其他		操作规范，动作熟练	5	实施急救过程有一处错误扣5分	
		幼儿自主呼吸、心跳恢复	5	自主呼吸、心跳未回复扣5分	
		态度和蔼，动作轻柔，关爱幼儿	5	态度不和蔼，动作不轻柔扣5分	
		与家长有效沟通，通力合作	5	无效沟通扣5分	
总分			100		

> 拓展延伸

胸外心脏按压常用方法

一、双指按压法

对新生儿和小婴儿进行胸外心脏按压，应采用双指法（两手指置于胸骨中下 1/3 交界处按压胸骨）或双手环抱拇指按压法（两手掌及四指托住两侧背部，双手大拇指按压胸骨下 1/3 处），按压深度至少为胸廓前后径的 1/3（胸骨下陷 4~5 厘米），按压频率为 100~120 次/分钟。每次按压后使胸廓充分回弹，连续按压（按压的中断时间控制在 10 秒以内）直至患儿心跳恢复。

双指法 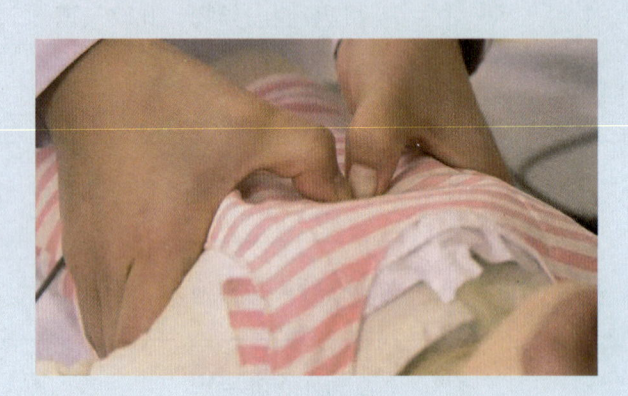　　　　　　　　　　　双手环抱拇指按压法

二、单手按压法

对幼儿进行胸外心脏按压，可采用单手按压法。一手维持患儿头部的位置，另一手掌根部放于其胸骨中下 1/3 交界处，手指抬起，肘关节伸直，利用肩背的力量进行按压，避免按压剑突，按压深度至少为胸廓前后径的 1/3（胸骨下陷 4~5 厘米），按压频率为 100~120 次/分钟。每次按压后使胸廓充分回弹。

三、双手按压法

对幼儿及成人进行胸外心脏按压，也可采用双手按压法。按压的位置均为胸骨中下 1/3 交界处。左手掌根部紧贴按压区，右手掌根重叠放在左手背上，使全部手指脱离胸壁。施救者双臂应伸直，双肩在病人胸部正上方，垂直向下用力按压。按压要平稳、有规则，不能间断，不能冲击猛压，下压与放松的时间大致相等。按压深度以成人胸骨下陷 5~6 厘米、幼儿胸骨下陷 4~5 厘米为宜，按压频率为 100~120 次/分钟。

项目二 婴幼儿饮食伤害处理

学习目标

知识目标

（1）了解发生各种饮食伤害的原因。
（2）知道各种饮食伤害的主要症状。
（3）掌握各种饮食伤害的应急处理方法。

能力目标

（1）能正确完成婴幼儿气管异物的初步处理。
（2）能正确完成婴幼儿误食的现场救护。

素质目标

（1）具有发现婴幼儿安全风险的敏锐性和责任心。
（2）具有冷静、果断地处理问题的态度和职业精神。
（3）尊重每个婴幼儿的生命，把救护婴幼儿、保护婴幼儿生命放在首位。

任务一 海姆立克急救法

案例导入

强强是一名2岁的男孩儿,一天,他和小朋友们在幼儿园吃午饭。乐乐吃完饭后,就悄悄地逗身旁正在吃排骨的强强,强强"扑哧"一下被乐乐逗笑了,可没过多久,他的小脸憋得通红,并且突然剧烈咳嗽,说不出话来。生活老师被吓住了,不知所措。

任务:作为照护者,请运用海姆立克急救法排出强强气管内的异物。

知识准备

一、气管异物的原因

1. 会厌软骨发育不成熟

在人体咽喉下方有两个并行的通道,即食道和气管,食物经过食道进入胃中,气体经过气管进入肺泡。在咽喉处,有一块如同叶片的薄片小骨,医学上称为会厌软骨。当食物和水进入时,会厌软骨会盖住气管口,使食物和水进入食道,而不会误入气管。但是,婴幼儿的会厌软骨发育并未成熟,当婴幼儿吃一些圆滑的食物(如豆类、果冻等)时,稍不小心,会厌软骨就会来不及盖住气管,使食物滑到气管里。

2. 不良习惯

婴幼儿在进食或口含小物体时说话、哭笑、打闹、剧烈活动,会非常容易将异物吸入气管。

二、气管异物的症状

1. 呼吸道部分阻塞

刚吸入异物时,主要表现为呛咳。活动性异物随气流移动,可引起阵发性咳嗽及呼吸困难,在呼气末期,于气管处可听到异物冲击气管壁和声门下区的拍击声,并可在甲状软骨下有触及异物撞击的震动感。由于气管腔被异物所占,或声门下水肿而狭小,致呼吸道不完全堵塞,患者有严重的呼吸困难,并可引起喘鸣,继发感染后,可出现发热、全身不适等症状。

2. 呼吸道完全阻塞

随着时间延长,由于呼吸道分泌物以及其他原因(如堵塞物膨胀等),呼吸道不完全堵塞可以发展至完全堵塞。患儿表现出不能言语、面容极度痛苦及 V 字手形，同时伴有严重发绀和肢体抽搐。如未能排出异物，患儿将昏迷甚至死亡。

三、气管异物的应急处理方法

气管异物在婴幼儿阵发性呛咳时可能会部分咳出，自然咳出的概率为 1%~4%，因此大部分情况需要急救处理。如果患儿能够说话和进行有效咳嗽，并表现出呼吸道梗阻时特有的窘迫姿势，表明气道仅部分阻塞，此时千万不要去干扰他尝试咳出阻塞物的行为。之后仔细检查患儿的口腔及咽喉部，如在可视范围内发现有异物阻塞气管，可试着将手指伸到该处将阻塞物取出。如果处理失败，可尝试用海姆立克急救法进行急救。

海姆立克急救法的原理是通过冲击上腹部，使腹压升高、膈肌抬高，胸腔压力瞬间增高后，迫使肺内空气排出，造成人工咳嗽，使气道内的异物上移或驱出。

1. 1 岁以内婴儿急救方法

（1）背部拍击

救护者取坐位，让患儿俯卧于一侧手臂上，以大腿为支撑，使患儿的头低于躯干，一只手固定患儿的下颌角并打开其气道，另一只手以掌根在患儿两肩胛骨中间用力拍击 5 次（图 2-1）。观察异物有没有被吐出，如有异物排出，要迅速从口腔内清除阻塞物，以防再度阻塞气管、影响正常呼吸。如无异物咳出，可采用胸部冲击法进行施救。

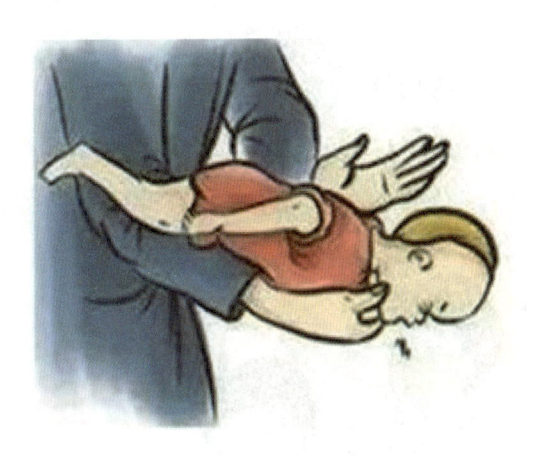

图 2-1　背部拍击

（2）胸部冲击

救护者将患儿翻转为仰卧位，以大腿为支撑，使患儿的头低于躯干。一只手固定患儿头颈位置，另一只手用食指和中指快速压迫患儿乳头连线中点，重复 4~6 次（图 2-2）。如有异物排出，要迅速从口腔内清除阻塞物；如无异物咳出，交替实施背部拍击和胸部冲击，同时拨打 120 急救电话寻求帮助，持续救治直到救援人员到达或患儿的意识丧失。患儿的意识丧失后，应立即将其摆成平卧的复苏体位，使用心肺复苏术进行急救。

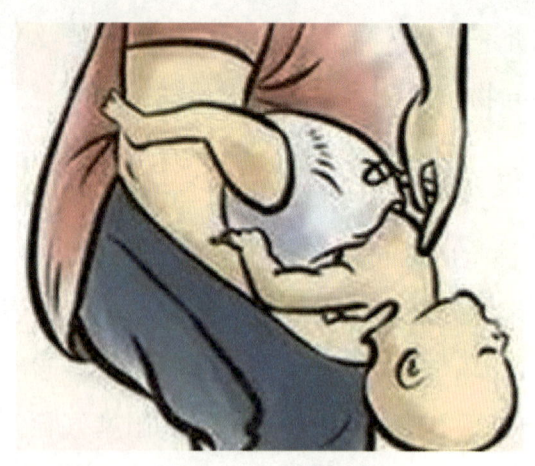

图 2-2 胸部冲击

2. 1岁以上幼儿及成年人急救方法

有意识的患儿取站立位，弯腰并且头部向前倾，嘴巴张开。施救者站在患儿身后，脚成弓步状，前脚置于患儿两脚间，后脚向后伸直，两手臂从患儿身后绕过，一只手握拳，拳眼置于患儿肚脐上方两横指处的上腹部（剑突与肚脐之间），另一只手紧握并固定拳头，连续、快速地向患儿上腹部的后上方冲击，反复有节奏、有力地进行，直至气道内的异物排出或患儿的意识丧失（图2-3）。

如果患儿在抢救过程中发生呼吸停止，应立即将其摆成平卧的复苏体位，使用心肺复苏术进行急救。

此方法可简称为"剪刀、石头、布"，即：

（1）剪刀：在患儿肚脐上方两指处；

（2）石头：用一只手握成拳头顶住该位置；

（3）布：用另一只手包住"石头"，快速向后上方冲击，直到患儿将异物咳出。

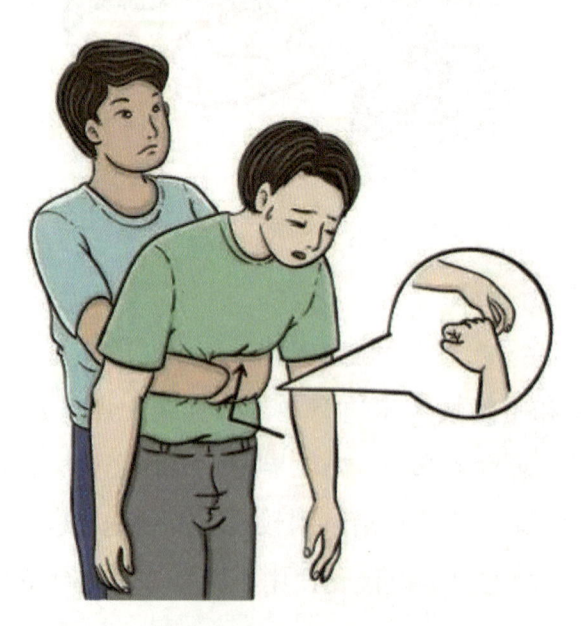

图 2-3 1岁以上幼儿及成年人急救方法

任务实施

一、任务准备

（1）物品准备：照护床、椅子、仿真幼儿模型、签字笔、记录本、免洗手消毒剂。用物准备齐全，摆放有序。

（2）照护者准备：着装整齐、得体，修剪好指甲，摘掉佩戴的饰品。

（3）环境准备：周围环境整洁、安全、温湿度适宜。

二、评估幼儿

评估幼儿的生命体征和意识状态，主要看幼儿是否因气管异物而呼吸困难；评估幼儿心理情况，主要看幼儿是否出现惊恐、焦虑。

三、任务计划

预期目标：幼儿气管异物排出，呼吸恢复正常。

四、任务实操

1. 检查伤情

检查幼儿气管异物梗阻状况，发现幼儿小脸憋得通红、突然剧烈咳嗽、说不出话来。根据生活老师反映的午饭吃排骨时发生的情况，初步判断应该是一小块排骨卡到了气管里。

2. 急救处理

迅速将幼儿抱起，站在幼儿的背后，用两只手臂环绕幼儿的腰部，让幼儿身体前倾。然后一只手握空心拳，将拇指侧紧抵幼儿腹部正中线肚脐上方两横指处、剑突下方。用另一只手包住拳头，反复、快速地向内、向上挤压，冲击幼儿的上腹部，约每秒一次，持续至异物排出或幼儿失去反应。

老师："宝宝，你是不是好多了？如果还有哪里难受，要告诉老师哦。"

3. 后续处理

将幼儿带到安全的环境中休息，马上通知家长（手做拨打电话状），整理好物品，用七步洗手法洗净双手，在工作记录本上记录照护幼儿的措施。

任务评价

请根据学生任务完成情况填写任务评价表。

考核内容		考核点	分值	评分要求	得分
准备	照护者	着装整齐	3	不规范扣1~2分	
	环境	整洁、安全	3	不规范扣3分	
	物品	用物准备齐全	3	少1项扣1分，扣完为止	
	幼儿	评估幼儿生命体征、意识状态	4	未评估扣4分，不完整扣1~2分	
		评估幼儿心理情况（有无惊恐、焦虑）	2	未评估扣2分，不完整扣1分	
计划	预期目标	口述：幼儿气管异物排出，呼吸恢复正常	5	未口述扣5分	
实施	观察情况	检查气管异物梗阻状况	2	未检查扣2分	
		口述气管异物种类、大小、发生情况	3	无口述或口述不正确扣3分	
	急救处理	在幼儿背后用两只手臂环绕腰部，使幼儿身体前倾	5	方法不对扣5分，不标准扣2分	
		一只手握空心拳，拇指侧紧抵幼儿腹部正中线肚脐上方两横指处、剑突下方	10	位置不对扣10分	
		另一只手包住拳头	5	方法不对扣5分	
		反复、快速向内、向上挤压腹部，每秒一次	20	方法不对扣20分	
		口述：持续至异物排出或幼儿失去反应	5	无口述或口述不正确扣5分	
	整理记录	整理用物	5	未整理扣5分	
		洗手	2	洗手不正确扣2分	
		记录照护措施	3	不记录扣3分，记录不完整扣1~2分	

续表

考核内容	考核点	分值	评分要求	得分
其他	操作规范，动作熟练	5	实施急救过程中有一处错误扣5分	
	幼儿气管异物排出	5	气管异物未排出扣5分	
	态度和蔼，动作轻柔，关爱幼儿	5	态度不和蔼，动作不轻柔扣5分	
	与家长有效沟通，通力合作	5	无效沟通扣5分	
总分		100		

拓展延伸

海姆立克急救法

海姆立克急救法（Heimlich Maneuver）也称为海氏手技，是美国医生海姆立克发明的。1974年，他首先应用该法成功抢救了一名因食物堵塞呼吸道而发生窒息的患者，从此该法在全世界被广泛应用，拯救了无数患者，其中包括美国前总统里根、纽约前市长埃德、著名女演员伊丽莎白·泰勒等。因此该法被人们称为"生命的拥抱"。

下面介绍三种成人海姆立克急救法。

一、卧位

如果发现病人意识不清、卧倒在地，或站立位不便于操作者施救时，使患者取仰卧位，开放其呼吸道，救护者骑跨在患者大腿外侧，一手以掌根按压肚脐与剑突之间的部位，另一手掌覆盖其上，冲击性地、快速地向前上方压迫，反复至呼吸道异物被冲出。检查患者口腔，如异物已经被冲出，应迅速用手指从口腔一侧将其钩出。异物取出后应及时检查患者的呼吸和心跳，如无呼吸和心跳，应立即施行心肺复苏术。

二、孕妇、肥胖者

如果患者为临盆的孕妇或肥胖者，救护者双手无法环抱其腹部进行挤压，则可在胸骨下半段中央垂直向内做胸部按压，直到气道阻塞解除。

三、自救

患者稍稍弯下腰，靠在一固定物体上（如桌子边缘、椅背、床栏杆等），以物体边缘压迫上腹部，快速向上冲击。重复数次，直至异物排出。

任务二 误食的现场救护

> **案例导入**
>
> 壮壮是一名3岁的男孩，一天早晨，去幼儿园的路上，在路边的小吃摊上吃了早饭。到幼儿园后，壮壮因为肚子疼大哭起来，紧接着出现恶心、呕吐的症状。
>
> **任务**：作为照护者，请完成壮壮食物中毒的现场救护。

> **知识准备**

某些物质接触或进入人体后，与体液和组织相互作用，破坏机体正常的生理功能，引起暂时或永久性的病理状态或死亡，这一过程称为中毒。急性中毒多发生在婴幼儿至学龄前期，是儿科急诊的常见疾病之一。婴幼儿时期常见误服药物的中毒，学龄前期主要为食物中毒。

一、误服药物

1. 原因

很多父母在孩子生病时，为了让孩子顺利地服药，经常会让孩子把药看作糖，但是这样的做法是错误的，因为一旦孩子形成了"药就是糖"的观念，就有可能错把药当成糖偷偷吃掉，后果非常严重。

药物的代谢多需经肝脏和肾脏，而婴幼儿的肝脏和肾脏功能发育不完善，服错药或过量服药对婴幼儿身体健康的影响非常大，甚至会导致生命危险。

2. 主要症状

婴幼儿药物中毒的症状涉及多个系统，如消化系统、心血管系统、神经系统、泌尿系统等。药物刺激胃肠道黏膜，会导致消化系统症状，如腹痛、恶心、呕吐、腹泻等。部分药物会进入血液循环损害心脏，导致胸闷、气短、心律失常等。有些药物会引起呼吸抑制，肺水肿时会出现潮式呼吸、叹息样呼吸。有些药物会导致中枢神经系统症状，如嗜睡、意识丧失、不能言语、呼吸微弱、呼吸变慢、头晕、恶心，甚至呼吸停止。由于药物需要经由肾脏进行代谢，误服药物会导致肾功能受损，出现少尿、无尿等症状。严重的药物中毒会导致休克，表现为面色苍白、意识丧失、肢体湿冷、血压下降等。

3. 应急处理方法

（1）迅速查清婴幼儿误服了什么药物、吃了多少。为了避免婴幼儿因害怕被责骂而隐瞒实际情况，在询问时要轻声细语，切勿打骂婴幼儿。

（2）如果服用的是一般的维生素、钙片或止咳糖浆，且服用量较少，可用干净的手指轻轻滑动婴幼儿喉咙深处，也可以用筷子或汤匙等下压婴幼儿舌根催吐，排出部分药物，留取第一份标本送检，然后送医。

（3）如果服用的是降压药、镇静类药物，要及时催吐，然后迅速送医院。

二、食物中毒

近几年，托幼机构食物中毒事件常有发生，对婴幼儿的身体健康和生命安全造成了严重的威胁和伤害。食物中毒指摄入含有生物性、化学性有毒有害物质的食品，或者把有毒有害物质当作食品摄入后，出现的非传染性急性、亚急性疾病。

1. 分类及主要症状

食物中毒的典型症状：以恶心、呕吐、腹痛、腹泻为主，伴有发烧。呕吐严重者可能出现脱水、酸中毒，甚至昏迷、休克等症状。

（1）细菌性食物中毒

细菌性食物中毒是患者误食含有致病细菌或被细菌毒素污染的食物，从而导致的急性中毒性疾病。在所有食物中毒中，细菌性食物中毒的发作比例在50%以上。在夏秋两季，发病人数明显增加。

细菌性食物中毒分为两类：胃肠型食物中毒和神经型食物中毒。

（2）化学性食物中毒

化学性食物中毒是摄入含有较大量化学性有害物的食物而引起的急性中毒现象。婴幼儿化学性食物中毒的原因有误食有机磷、亚硝酸盐、鼠药等。大多数会引起食物中毒的化学物质都具有在体内溶解度高、易被胃肠道或口腔黏膜吸收的特点。

（3）动植物性食物中毒

动植物性食物中毒指误食有毒动植物或食用方法不当而引起的食物中毒，如误食或不当食用河豚、贝类、动物甲状腺及肝脏、木薯、四季豆、发芽的马铃薯、山大茴及鲜黄花菜等。

（4）真菌性食物中毒

毒蕈又称毒蘑菇，在自然界分布很广，由于食用了毒蘑菇而发生恶心、呕吐、腹痛、腹泻，严重者出现神经系统损害、全身性出血、肝肾功能衰竭等的中毒症状被称为毒蕈中毒。多数毒蕈毒性较低，中毒表现轻微，但有些毒蕈毒性极高，可迅速致人死亡。

2. 应急处理方法

（1）当怀疑婴幼儿出现食物中毒症状时，应立即阻止婴幼儿继续进食，对食物进行妥善保存，避免他人误食，并为后续的救治提供参考。

（2）如果是动植物性和毒蕈类的食物中毒，患儿无明显呕吐症状、神志清醒，且中毒时间不超过两个小时，可用干净手指轻轻滑动婴幼儿喉咙深处，也可用筷子或汤匙等下压婴幼儿舌根进行催吐，留取第一份标本送检。如果摄入毒物超过两个小时，且精神尚好，可服用导泻药加速排毒。

（3）如果婴幼儿误食的是强酸或强碱性毒物，不要催吐，因为催吐的过程会再次伤害患儿的食道、咽喉，这两个部位的损伤非常难修复。可以让患儿服用牛奶、豆浆、鸡蛋，以减轻酸碱性液体对胃肠道的腐蚀。

（4）如果发现患儿出现休克等严重的中毒症状，在拨打120急救电话的同时，使患儿取平卧位，将头偏向一侧，用干净的医用纱布或手帕清理患儿的口腔、咽部、鼻腔的分泌物及呕吐物。保持患儿呼吸道畅通，处置后安排其休息。

（5）不管是哪种类型的中毒，都需第一时间将患儿送往最近的医院进行救治。

任务实施

一、任务准备

（1）物品准备：照护床、椅子、仿真幼儿模型、温盐水、水杯、筷子、汤匙、免洗手消毒剂、签字笔、记录本。用物准备齐全，摆放有序。

（2）照护者准备：着装整齐、得体，修剪好指甲，摘掉佩戴的饰品。

（3）环境准备：周围环境整洁、安全、温湿度适宜。

二、评估幼儿

评估幼儿的生命体征和意识状态，主要看幼儿是否肚子疼、恶心呕吐；评估幼儿心理情况，主要看幼儿是否大哭、惊恐。

三、任务计划

预期目标：

（1）轻度食物中毒幼儿中毒症状缓解。

（2）严重食物中毒幼儿及时得到救护并送往医院。

四、任务实操

1. 检查伤情

了解幼儿的进食时间、食物的种类和总量。观察呕吐物或排泄物的颜色、性状和量。观察幼儿的疼痛部位和程度。

老师:"宝宝,老师知道你难受,老师会帮助你的!"

2. 急救处理

立即让幼儿停止进食,并封存可疑的食物。

在禁食1~2小时之后,教师可用干净的手指轻轻滑动幼儿喉咙深处,也可用筷子或汤匙等下压幼儿舌根进行催吐,留取第一份标本送检。

老师:"宝宝,喝点儿水漱漱口,吐出来。"重复上述步骤,反复催吐。

催吐后鼓励幼儿多饮水,准备好适量的温盐水或糖水,以补充水分和电解质。

老师:"宝宝,不要害怕,现在感觉怎么样?再喝点儿水,可以把水咽到肚子里。"如果食入毒物超过两个小时,且精神尚好,可服用导泻药加速排毒。

若发现中毒严重、幼儿休克,应该在拨打120急救电话的同时,使幼儿处于平卧位,将头偏向一侧,用干净的医用纱布或手帕,清理幼儿口腔、咽部、鼻腔的分泌物、呕吐物,保持呼吸道畅通。

3. 后续处理

将幼儿带到安全的环境中休息,马上通知家长(手做拨打电话状),整理好物品,用七步洗手法洗净双手,在工作记录本上记录照护幼儿的措施。

任务评价

请根据学生任务完成情况填写任务评价表。

考核内容		考核点	分值	评分要求	得分
准备	照护者	着装整齐	3	不规范扣1~2分	
	环境	整洁、安全、温湿度适宜	3	不规范扣3分	
	物品	用物准备齐全	3	少1项扣1分,扣完为止	
	幼儿	评估幼儿生命体征、意识状态	4	未评估扣4分,不完整扣1~2分	
		评估幼儿心理情况(有无惊恐、害怕)	2	未评估扣2分,不完整扣1分	
计划	预期目标	口述:(1)轻度食物中毒幼儿中毒症状缓解; (2)严重食物中毒幼儿及时得到救护并送往医院	5	未口述扣5分	

续表

考核内容		考核点	分值	评分要求	得分
实施	观察情况	评估进食时间、食物种类	2	未评估扣2分	
		评估生命体征、神志、疼痛部位	3	未评估扣3分	
		评估呕吐物颜色、形状和量	2	未评估扣2分	
	急救处理	口述：让幼儿停止进食，封存可疑食物	2	未口述扣2分	
		口述：必要时打120急救电话送医院救治	2	未口述扣2分	
		准备适量温盐水（口服催吐）	3	温度不对扣3分，方法欠妥扣1~2分	
		催吐，用勺子手柄在舌头根部轻压，刺激咽后壁	10	方法不对扣10分，欠妥扣2~8分	
		口述：留取第一份标本送检	5	未口述扣5分	
		口述：重复上述步骤，反复催吐	4	未口述扣4分	
		准备适量温盐水或糖水，补充水分和电解质	3	未准备扣3分	
		口述：如果摄入毒物超过两个小时且精神尚好，可服用导泻药加速排毒	3	未口述扣3分	
		关心、安抚幼儿	3	欠妥扣1~3分	
		口述：中毒严重、休克幼儿的救护措施	8	未口述扣8分，口述不全扣2~7分	
	整理记录	整理用物、清洁环境、安排幼儿休息	5	未整理扣5分，欠妥扣2~3分	
		洗手	2	洗手不正确扣2分	
		记录照护措施	3	不记录扣3分，记录不完整扣1~2分	
其他		操作规范，动作熟练	5	实施急救过程中有一处错误扣5分	
		幼儿中毒症状缓解救护方法、步骤正确	5	中毒症状未缓解扣5分	
		态度和蔼，动作轻柔，关爱幼儿	5	态度不和蔼，动作不轻柔扣5分	
		与家长有效沟通，通力合作	5	无效沟通扣5分	
总分			100		

> 拓展延伸

食物中毒并发症及治疗方法

一、食物中毒并发症

食物中毒严重者可出现脱水、酸中毒，甚至休克、昏迷等并发症。肉毒杆菌中毒可引起失明、吞咽和呼吸困难，严重者可因呼吸麻痹而死亡；真菌中毒可引起肝肾损伤、惊厥、中性粒细胞减少、血小板减少等并发症。

1. 脱水

患者呕吐、腹泻导致大量水分流失，如不能及时补充，严重时会导致休克，甚至有生命危险。

2. 酸中毒

患者腹泻可致碱性肠液丢失，严重脱水可致患者身体微循环缺氧，以上两种情况均可导致酸中毒。

3. 休克

脱水、酸中毒、毒素等致病因素作用于机体，可导致有效循环血量减少，器官和组织灌流不足，引起多器官机能障碍或衰竭，从而发生休克。

4. 呼吸衰竭

食物中毒严重患者如出现休克、脑水肿，或引起中毒的是肉毒杆菌等毒素，可导致肌肉麻痹，从而引发呼吸衰竭。

5. 惊厥

休克、脑水肿或一些神经毒性食物中毒都可引起惊厥，患者会出现抽搐、昏迷等症状。

二、治疗方法

1. 一般治疗

卧床休息，早期饮食应为易消化的流质或半流质饮食，病情好转后可恢复正常饮食。

2. 对症治疗

呕吐、腹痛明显者，可口服溴丙胺太林（普鲁本辛）或皮下注射阿托品，亦可注射山莨菪碱。能进食者应给予口服补液。剧烈呕吐、不能进食或腹泻频繁者，给予糖盐水静滴。出现酸中毒时，酌情补充5%碳酸氢钠注射液或11.2%乳酸钠溶液。脱水严重甚至休克者，应积极补液，保持电解质平衡，并给予抗休克处理。

3. 抗菌治疗

一般可不用抗菌药物。伴有高热的严重患者，可按不同的病原菌选用抗菌药物，如沙门菌、副溶血弧菌中毒者可选用喹诺酮类抗生素。

模块二

婴幼儿生活照料

模块概述

党的二十大报告提出要推动教育高质量发展，这对于婴幼儿保育工作来说，意味着需要不断提升保育教育的专业化、标准化和科学化水平，注重婴幼儿的全面发展。婴幼儿生活照料不仅是简单的日常生活照料，还涉及婴幼儿生理、心理健康发育的多个重要方面。

婴幼儿是社会的未来和希望，他们的健康成长直接关系到国家的发展和民族的未来。因此，生活照料不仅要确保婴幼儿的衣食住行得到满足，更要注重其身心健康发展。从饮食的合理搭配到睡眠的充足保障，从日常活动的合理规划到情绪的及时疏导，每一步都至关重要。要实现婴幼儿生活照料的专业化，必须结合科学育儿理念和先进育儿技术。通过推广健康科学的育儿观念、构建多元化的服务体系以及加大相关政策的扶持力度等方式，使更多的婴幼儿享受到高品质的照料服务。

本模块内容遴选了"1+X"幼儿照护职业技能初级和中级实操考试中生活照料模块的部分项目，主要通过生活中的常见案例，帮助学生掌握科学育儿的知识和技能，提高对婴幼儿照料的专业水平，促进婴幼儿的健康成长和全面发展。

模块导读

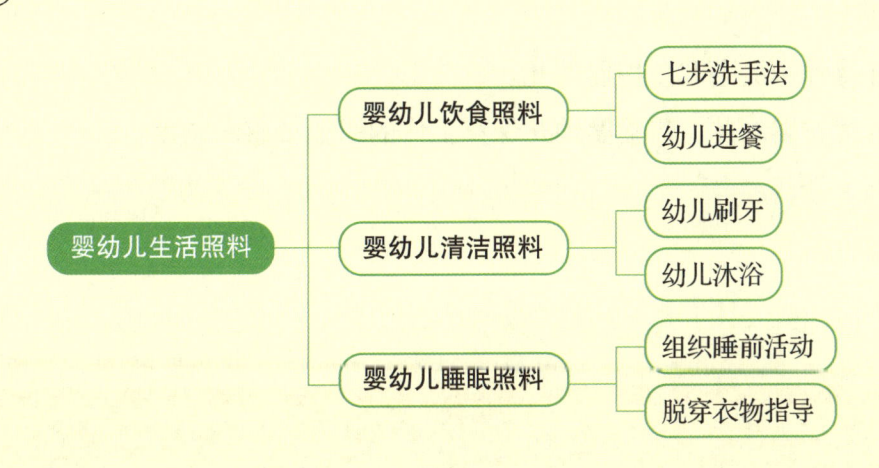

```
                            ┌── 婴幼儿饮食照料 ──┬── 七步洗手法
                            │                    └── 幼儿进餐
                            │
         婴幼儿生活照料 ────┼── 婴幼儿清洁照料 ──┬── 幼儿刷牙
                            │                    └── 幼儿沐浴
                            │
                            └── 婴幼儿睡眠照料 ──┬── 组织睡前活动
                                                 └── 脱穿衣物指导
```

项目三 婴幼儿饮食照料

学习目标

知识目标
（1）掌握七步洗手法的方法与注意事项。
（2）掌握幼儿洗手的指导策略。
（3）掌握幼儿进餐的方法与注意事项。

能力目标
（1）能指导幼儿采用七步洗手法洗手。
（2）能正确引导幼儿完成进餐。

素质目标
（1）能在操作中关心和爱护婴幼儿。
（2）培养爱护婴幼儿、热爱婴幼儿保育工作的职业情感和态度。

任务一 七步洗手法

> **案例导入**
>
> 幼儿园盥洗活动是幼儿一日生活的重要内容，洗手是其中最频繁的一项活动。盥洗活动看似简单，但是在现实生活中，大多数幼儿没有养成良好的盥洗习惯。
>
> **任务：**作为照护者，请正确进行七步洗手法指导。

> **知识准备**

一、幼儿洗手存在的主要问题

1. 洗手意识弱

幼儿洗手经验不足，卫生意识还远远不够，缺乏对卫生、细菌等相关概念及其因果关系的了解，不能重视和正确对待，因此出现了"不会洗手""不去洗手"的问题。

2. 洗手不认真

幼儿在洗手的过程中，容易受到外部环境条件的影响（如天气变冷、与同伴聊天打闹等），导致注意力不集中，不能正确完成洗手步骤。本身活泼好动的年龄特点也使他们不能很顺利地完成完整的洗手任务，常出现弄湿衣袖和地面、玩水、不用肥皂洗手、洗手时间短等现象。

3. 洗手方法不正确

幼儿在洗手时马虎、打闹、肥皂或洗手液用量过多或过少，出现"为完成任务而洗手"的问题；也有的幼儿喜欢在洗手的时候玩水、玩泡泡，在享受这种游戏过程的乐趣时，忘了还有"洗手"这样一项任务。

二、手卫生及环境准备

洗手是盥洗环节中最频繁，也是最重要的一项内容。常洗手不仅可以培养幼儿爱清洁、讲卫生的良好习惯，提高其生活自理能力，还能有效预防经手传播的疾病，是预防消化系统传染性疾病、呼吸系统传染性疾病最简单、有效的措施之一。

1. 洗手前的准备工作

创设整洁、舒适的盥洗环境，准备好温度适宜的流动水，大小适中、厚薄适宜的小毛巾，肥皂或者洗手液，放在醒目的位置。洗手台要分为两种高度，适合幼儿的不同需求。洗手台前要装有梳妆镜，便于幼儿学会整理衣服。引导幼儿养成饭前便后洗手及日常勤洗手的好习惯，户外活动后回教室要洗手，参加美工等活动后也要洗手。保教老师可以为小班幼儿贴上洗手流程图、动作分解图，引导幼儿正确洗手。中大班幼儿可以在保教老师的帮助下，自己创作提示画，贴在盥洗室的墙壁上。

2. 洗手后的整理工作

当所有幼儿洗手完毕，保教老师要及时清洗洗手池、水龙头，将地面的水渍拖干净，把盥洗用品摆放整齐；检查毛巾是否干净，弄脏时要及时清洗，并且每天都要对毛巾进行清洗和消毒。

三、正确的洗手方法和步骤

幼儿入园后，保教老师要通过集中教育或环境创设（如在盥洗室贴上洗手步骤图）等方式，教会他们正确洗手，并在日后每次盥洗环节之前不断地复习巩固，帮助他们掌握洗手的基本方法。幼儿正确洗手的基本步骤和方法如下（图3-1）。

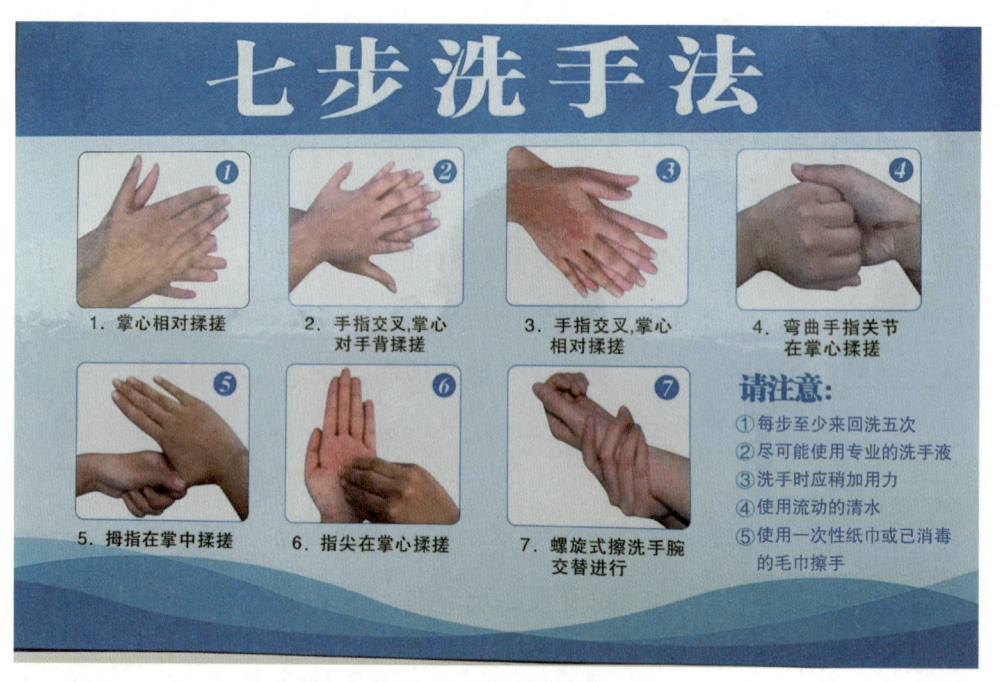

图3-1 七步洗手法

（1）卷起衣袖或者把衣袖往上推，淋湿双手，然后涂肥皂或者适量的洗手液，双手搓洗，注意手心、手背、手腕、手指缝、虎口、手指甲及周围都要洗干净，要搓洗一定的时间。

（2）把双手放在流动水下冲洗干净，用毛巾把手擦干后，放回指定的筐篓中。最后，要把衣袖放下、拉平整。冬天最好能给双手擦上护手霜。

（3）洗手时水龙头不要开得过大，水流要适中，身体要前倾，双手要向下，不要弄湿衣服。用完后应及时关闭水龙头，涂肥皂的时候也要关闭水龙头。如果无法用流动的水而不得不用盆接水洗手时，应先用一盆水洗手，再换一盆干净的水将手冲洗干净。

> 任务实施

一、任务准备

（1）物品准备：面盆、七步洗手法示意图、脚踏矮凳、毛巾、指甲剪、肥皂或洗手液、签字笔、记录本。用物准备齐全，摆放有序。

（2）照护者准备：着装整齐、得体，修剪好指甲，摘掉佩戴的饰品。

（3）环境准备：周围环境整洁、安全、温湿度适宜。

二、评估幼儿

评估幼儿意识状态是否良好、理解能力是否正常；评估幼儿心理状态是否良好、配合能力是否较高。

三、任务计划

预期目标：幼儿在指导下完成七步洗手法。

四、任务实操

检查设施及物品，修剪好幼儿的指甲。

带幼儿来到洗手池："宝宝，你看你的手多脏啊！老师带你洗一洗。"

卷起衣袖，打开水龙头，用流动的清水打湿双手，涂抹洗手液或肥皂："宝宝，我们洗手一共有七步，看着示意图跟老师一起做。"

第一步（内）：五指并拢，掌心相对，相互揉搓，上下用力，至少五次。

第二步（外）：洗背侧指缝，手心对手背，沿侧指缝相互揉搓，双手交换清洗，上下用力，至少五次。

第三步（夹）：洗掌侧指缝，五指张开，双手交叉，沿侧指缝相互揉搓，上下用力，至少五次。

第四步（弓）：洗指背，弯曲各手指关节半握拳，放于另一手掌心，旋转揉搓，双手交换清洗，上下用力，至少五次。

第五步（大）：洗拇指，一手握住另一手大拇指旋转揉搓，双手交换进行，至少五次。

第六步（立）：洗指尖，弯曲各手指关节，指尖并拢，放于另一手掌心，旋转揉搓，双手交换进行，上下用力，至少五次。

第七步（腕）：揉搓清洗手腕、手臂，双手交换进行，至少五次。

以上每个环节不少于15秒。

"宝宝，洗完手我们打开水龙头，用流动的清水将双手冲洗干净，从手腕冲到手指尖。"

双手捧水清洗水龙头后关水,最后使用毛巾擦干双手。

"宝宝真棒,把小手洗干净了,多卫生呀。"

最后整理好现场用物,清理好环境,洗手,用记录本记录好照护情况。

任务评价

请根据学生任务完成情况填写任务评价表。

考核内容		考核点	分值	评分要求	得分
准备	照护者	着装整齐	3	不规范扣1~2分	
	环境	整洁、温湿度适宜	3	不规范扣3分	
	物品	用物准备齐全	3	少1项扣1分,扣完为止	
	幼儿	评估幼儿意识状态、理解能力	4	未评估扣4分,不完整扣1~2分	
		评估幼儿心理情况、配合程度	2	未评估扣2分,不完整扣1分	
计划	预期目标	口述:幼儿在指导下完成七步洗手法	5	未口述扣5分	
实施	准备	检查设施及物品	2	未检查扣2分	
		修剪指甲	3	未修剪扣3分	
	七步洗手	引导幼儿到洗手池,告知幼儿洗手	2	未告知扣2分	
		卷起衣袖	3	未卷衣袖扣3分	
		打开水龙头,打湿双手,擦肥皂	3	未打湿、擦肥皂扣3分	
		指导幼儿洗手: (1)洗手掌; (2)洗背侧指缝; (3)洗掌侧指缝; (4)洗指背; (5)洗拇指; (6)洗指尖; (7)洗手腕; 各环节不少于15秒	35	每错一个环节扣5分	
		冲净双手,用干净的毛巾擦干双手	5	未准备毛巾扣5分	
	整理记录	整理用物	3	未整理扣3分	
		洗手	2	洗手不正确扣2分	
		记录照护情况	2	不记录扣2分	

续表

考核内容	考核点	分值	评分要求	得分
其他	操作规范，动作熟练	5	操作不规范扣 5 分	
	顺利指导幼儿洗手	5	指导错误扣 5 分	
	态度和蔼，关爱幼儿	5	态度不和蔼扣 5 分	
	与幼儿有效沟通，建立互动合作	5	无效沟通扣 5 分	
总分		100		

拓展延伸

勤洗手是防止幼儿病从口入的关键，如何把正确的洗手方法教给幼儿，而且便于幼儿学习呢？教师可以教给幼儿洗手儿歌，把复杂的洗手程序变成朗朗上口的儿歌，在潜移默化中让幼儿爱上洗手、养成勤洗手的好习惯。

洗手歌（一）

小朋友，爱洗手，洗前先卷衣袖口，
打开龙头湿湿手，抹点香皂搓搓手，
手心手背都要搓，再用清水冲冲手，
冲干净，甩三下，一二三，去擦手。

洗手歌（二）

自来水，清又清，洗洗小手讲卫生。
饭前便后要洗手，细菌不会跟着走。

手心相对搓一搓，
手背相靠蹭一蹭，
手指中缝相交叉，
指尖指尖转一转，
握成拳，搓一搓，
手指手指别忘掉，
手腕手腕转一转。
做个干净好宝宝！

洗手歌（三）

两个好朋友，手碰手，

你背背我，我背背你。

来了一只小螃蟹，小螃蟹，

举起两只大钳子，大钳子。

我跟螃蟹点点头，点点头，

螃蟹跟我握握手，握握手。

任务二　幼儿进餐

案例导入

一日三餐是幼儿生活活动中的重要组成部分，进餐活动也是对幼儿进行健康教育的过程。

任务： 作为照护者，请完成幼儿进餐指导。

知识准备

一、幼儿饮食的特点

1. 咀嚼、消化能力有限

幼儿消化系统日渐成熟，胃容量为600~700毫升，3岁出齐20颗乳牙，6岁左右萌出第一恒磨牙。但是，与成人相比，幼儿的消化系统仍处于不完善阶段，对固体食物尤其需要较长时间的适应，不能过早摄入成人膳食，以免消化系统紊乱，造成营养不良。研究发现，幼儿的咀嚼能力仅达到成人的40%。

2. 对能量和各种营养素的需求较高

幼儿处于生长发育较快速阶段，大脑和神经系统持续发育并逐渐成熟，新陈代谢旺盛，且活动量大，对能量和各种营养素的需要都相对高于成人。幼儿的能量主要用于满足其基础代谢、体力活动、食物热效应和生长发育。如果能量长期摄入不足，会导致幼儿生长发育迟缓、消瘦等。如果能量摄入过多，多余的能量将以脂肪形式储存堆积在体内，进而引起超重或肥胖。幼儿每日的能量需要量为1200~1400千卡，男童略高于女童。

脂肪供能比随年龄增加而降低，3岁幼儿脂肪供能比为35%，4~6岁幼儿脂肪供能比为20%~30%，糖类供能比有所增加，为50%~65%，成为幼儿能量的主要来源。

3. 容易出现不良饮食行为

2岁以后，幼儿的自主性、好奇心、学习能力和模仿能力明显增强，生活自理能力也有所提高，但注意力容易分散，进食专注度较弱，容易出现一些不良的饮食行为，如挑食、偏食、边吃边玩。4~5岁儿童已具有与成人相似的对食物的好恶倾向，包括拒绝不喜欢的味道或有害的、非食物性的东西。所以，这一时期也是纠正不良饮食行为的关键阶段。

二、幼儿进餐的原则

1. 食物多样，规律就餐，自主进食，培养健康饮食行为

足量营养、平衡膳食、规律就餐是幼儿获得全面营养和良好消化吸收的保障。因此，要引导幼儿自主、规律进餐，保证每天不少于三次正餐和两次加餐，不随意改变进餐时间、进餐环境和进食量。同时，要注意纠正挑食、偏食等不良饮食行为，培养摄入多样化食物的良好饮食习惯（图3-2）。

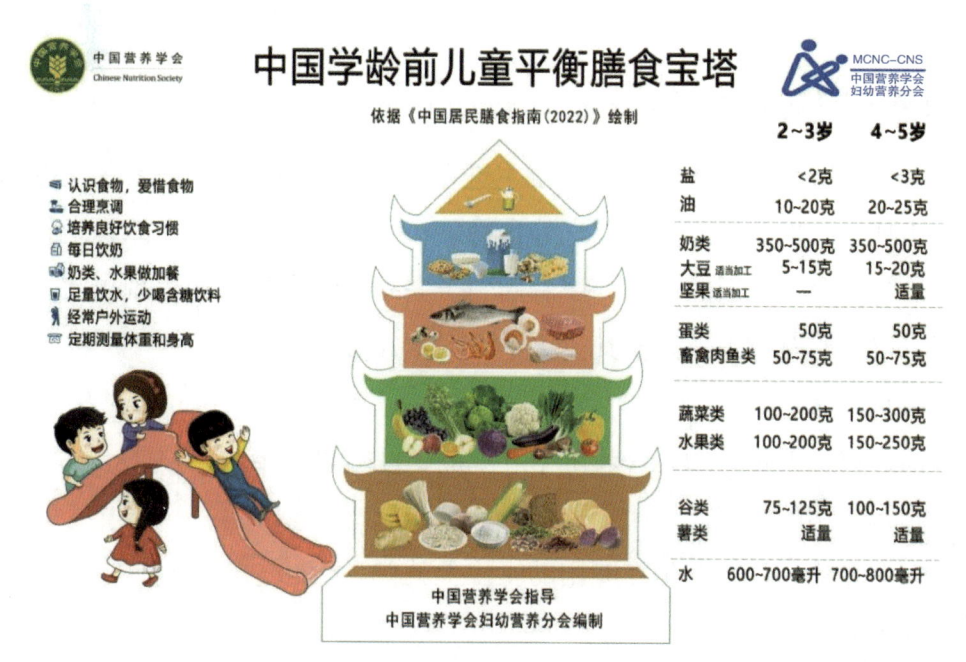

图3-2 中国学龄前儿童平衡膳食宝塔

2. 每天饮奶，足量饮水，合理选择零食

与成人相比，幼儿对钙的需求量相对较高。因此，建议儿童每天饮奶300~400毫升或摄入相当量的奶制品。同时，每天摄入水（饮水和膳食中汤水、牛奶等的总和）1300~1600毫升。零食应尽可能与加餐相结合，以不影响正餐为前提，多选用正餐中摄入不足、营养密度高的食物，如乳制品、水果、蛋类、坚果类等。按照营养均衡的原则，零食摄入不宜过多，不要超过每日摄入总能量的10%。

3. 合理烹调，少调料、少油炸

在制作幼儿食物时，建议多采用蒸、煮、炖等方式，尽可能保持食物的原汁原味，让孩子首先品尝和接纳各种食物的自然味道。同时，应注意从小培养清淡口味，不应过咸、油腻和辛辣，尽可能少用或不用鸡精、色素、糖精等调味品。每人每次正餐烹调油用量不多于1瓷勺（10毫升），少用油炸方式烹饪食物。

4. 参与食物选择与制作，增进对食物的认知与喜爱

结合幼儿神经和心理发育特点，鼓励幼儿体验和认识各种食物的天然味道和质地，了解食物特性，增进对食物的喜爱。在保证安全的情况下，应鼓励幼儿参与家庭食物的选择和制作，如带幼儿去菜市场买菜，辨识各种蔬菜；带幼儿去农田认识农作物，参与简单的农业生产过程；让幼儿帮忙择菜等。

5. 经常组织户外活动，定期体格测量，保障健康生长

鼓励幼儿经常参加户外游戏等户外活动，每天至少60分钟，减少静态活动（看电视、玩手机等），以锻炼、培养其体能、智能，促进体内维生素D的合成和钙的吸收利用。同时，户外活动能够增加幼儿的能量消耗，增进食欲，提高进食量。为更好地了解饮食情况，可定期监测幼儿的身高、体重，以便及时调整饮食和身体活动，保证幼儿正常、健康生长。

三、幼儿自主进餐习惯的养成

当幼儿出现以下行为，就表明他有了自主进食的愿望：一是对照护者手上的东西特别好奇，总想伸手去抓；二是拒绝以前最爱吃的食物，在吃辅食的时候，下意识地扭头拒绝或是拍打勺子；三是模仿大人吃饭的动作，试着用勺子去戳食物。当幼儿表现出自主进食的愿望时，照护者就可以开始有意识地培养其自主进餐的良好习惯。

1. 制订进餐前流程

（1）进餐前，照护者带着幼儿一起洗手、如厕，注重进餐卫生；

（2）穿上吃饭专用的围兜；

（3）准备安全餐椅，让幼儿坐在专用的座位上就餐。

2. 让幼儿参与食物制作

（1）让幼儿观察照护者洗菜，照护者可以一边洗菜，一边介绍食物的营养价值；

（2）让幼儿参与烹饪过程，增强幼儿对食物的认知和喜爱；

（3）将幼儿平时不太爱吃的蔬菜做成幼儿喜欢的样式，如摆成幼儿喜爱的动物形象等。

3. 让幼儿自主进餐

（1）提供适宜、安全的食物、水、餐具，方便幼儿自主取用；

（2）对幼儿进餐不专心的现象，如洒饭粒、乱丢菜等，做到"视而不见"，逐渐让幼儿意识到吃饭是自己的事情，要专注进餐。

4. 注重进餐礼仪

（1）让幼儿坐在餐椅上和照护者一起进餐，感受家庭的饮食氛围，帮助幼儿养成健康的饮食习惯；

（2）引导幼儿餐后用纸巾擦嘴，辅助幼儿取下围兜、离开餐椅，并引导幼儿一起收拾餐具，做力所能及的事情；

（3）引导幼儿餐后漱口，进行餐后散步，并提醒幼儿餐后不要进行剧烈运动。

任务实施

一、任务准备

（1）物品准备：幼儿餐具、幼儿餐椅、围嘴、手帕、仿真幼儿模型。用物准备齐全，摆放有序。

（2）照护者准备：着装整齐、得体，修剪好指甲，摘掉佩戴的饰品。

（3）环境准备：周围环境整洁、安全、温湿度适宜。

二、评估幼儿

评估幼儿饮食习惯是否良好、饮食环境是否温馨轻松；评估幼儿有无厌食、是否安定愉快、有无焦虑。

三、任务计划

预期目标：对幼儿及其家长顺利完成餐前教育。

四、任务实操

1. 进餐前准备

提示幼儿如厕、洗手。可以让幼儿协助摆放碗筷，增加其进食兴趣："哇，快看今天的饭，闻着好香啊！谁来帮老师摆好碗筷呢？"

2. 进餐训练

提示幼儿在就餐前安静坐好，洗完手后不再乱摸东西。

用平行示范法训练幼儿正确使用餐具："宝宝，听老师读这首儿歌好不好？""坐在小桌边，宝宝学吃饭，右手拿小勺，左手扶好碗，一口饭一口菜，干干净净全吃完。""宝宝和老师一起做，好吗？"

与家长沟通："家长，您好，宝宝刚开始无法顺利用勺很正常，我们要辅助他愉快地练习。"

提醒幼儿嘴里有食物时不要说话。合理控制进餐时间，但也不要催促，让幼儿以适当速度进餐，细嚼慢咽。合理安排进餐总量，培养幼儿不挑食、不偏食的好习惯。

进餐时保持桌面干净，让幼儿吃完最后一口饭再离开饭桌，饭后自己擦嘴擦手。

3. 后续整理

整理好现场用物，用七步洗手法洗净双手，并记录幼儿的进餐状况。

任务评价

请根据学生任务完成情况填写任务评价表。

考核内容		考核点	分值	评分要求	得分
准备	照护者	着装整齐，洗手	3	不规范扣1~2分	
	环境	整洁、安全、温湿度适宜	3	不规范扣3分	
	物品	用物准备齐全	3	少1项扣1分，扣完为止	
	幼儿	评估幼儿年龄、饮食习惯、饮食环境	4	未评估扣4分，不完整扣1~2分	
		评估幼儿心理情况（有无厌食、焦虑）	2	未评估扣2分，不完整扣1分	
计划	预期目标	口述：(1)对幼儿及其家长顺利完成餐前教育；(2)培养幼儿良好的进餐习惯	5	未口述扣5分	
实施	进餐前准备	指导幼儿洗净双手	2	未完成扣2分	
		口述：让幼儿协助做好餐前准备	3	未口述或口述不正确扣3分	
	进餐训练	口述：注意饮食卫生和就餐礼仪	3	未口述扣3分	
		训练幼儿使用餐具	5	方法欠妥扣2~5分	
		合理控制进餐时间	5	未设置时间扣5分	
		进食速度要适当	10	未引导扣5分，态度急促、催促扣10分	
		口述：进食总量要适度，不挑食	10	未口述扣10分	
		进餐结束，请幼儿协助清洁工作	5	未完成扣5分	
	整理记录	整理用物	5	未整理扣5分，整理不到位扣2~3分	
		洗手	2	洗手不正确扣2分	
		记录幼儿进餐情况	3	不记录扣3分，记录不完整扣1~2分	

续表

考核内容	考核点	分值	评分要求	得分
其他	操作规范，动作熟练	5	操作不规范扣 5 分	
	幼儿能愉快完成进餐	5	未完成进餐扣 5 分	
	态度和蔼，动作轻柔，关爱幼儿	5	态度不和蔼扣 5 分	
	与家长有效沟通，通力合作	5	无效沟通扣 5 分	
总分		100		

拓展延伸

《中国居民膳食指南（2022）》平衡膳食八准则

一、食物多样，合理搭配；

二、吃动平衡，健康体重；

三、多吃蔬果、奶类、全谷、大豆；

四、适量吃鱼、禽、蛋、瘦肉；

五、少盐少油，控糖限酒；

六、规律进餐，足量饮水；

七、会烹会选，会看标签；

八、公筷分餐，杜绝浪费。

项目四

婴幼儿清洁照料

学习目标

知识目标

（1）掌握幼儿刷牙的方法与注意事项。

（2）掌握幼儿沐浴的方法与注意事项。

能力目标

（1）能正确指导幼儿刷牙。

（2）能正确指导幼儿沐浴。

素质目标

（1）能在操作中关心和爱护婴幼儿。

（2）培养热爱婴幼儿、热爱婴幼儿保育工作的职业情感和态度。

任务一　幼儿刷牙

案例导入

刷牙是幼儿清洁口腔的重要方法，及早开始口腔保健，才能防患于未然。

任务： 作为照护者，请完成幼儿刷牙指导。

知识准备

一、婴幼儿牙齿的发育过程

牙齿的发育可分为三个时期，分别是钙化期、生长期、萌出期。

婴幼儿在 6 个月大时开始长牙，20 颗乳牙胚逐渐出现。在乳牙胚继续发育的时候，20 颗恒牙胚陆续从乳牙胚的舌侧长出，将来发育成为 20 颗恒牙，并替换乳牙。在恒牙胚的两端，各在胚胎 10 月、出生后 2 年、出生后 5 年分别长出第一、第二、第三恒磨牙胚，此时才完成牙胚的发育。牙胚的发育、牙体组织的形成和牙齿的萌出是连续的动态过程。从 6 岁开始，乳牙陆续自然脱落，到 12 岁左右，恒牙完全代替乳牙，牙齿也就真正发育完全了。

二、幼儿刷牙的意义

乳牙一般持续 6~10 年，如果不注意护理，易发生龋齿，影响幼儿咀嚼和进食，进而影响消化吸收和生长发育，还可诱发牙髓炎、牙周脓肿等并发症。龋齿是乳牙过早丢失的主要原因，而乳牙过早丢失，会使恒牙萌出异常，还会影响幼儿的发音和容貌。刷牙可以清除幼儿口腔中的食物残渣，有效减少牙齿表面与牙龈边缘的牙菌斑，而且具有按摩牙龈的作用，有助于减少口腔环境中的致病因素，维护牙齿和牙周组织健康。牙菌斑在清除数小时后，会重新形成并附着在清洁的牙面，特别是入睡期间唾液分泌减少，口腔自洁能力差，细菌更容易生长。因此，幼儿要养成睡前刷牙的好习惯。

三、幼儿刷牙存在的问题

（1）刷牙时间不够，没有达到 2~3 分钟；

（2）刷牙次数不够，没有做到每日早晚各一次；

（3）刷牙方法不正确，大多数幼儿采用横刷法，即左右方向拉锯式刷牙，这种方法会损害牙体与牙周组织；

（4）不愿意使用牙膏，部分幼儿不喜欢牙膏的气味，不愿意将牙膏放入口中；

（5）吞咽牙膏水。

四、龋齿

1. 表现

龋齿根据龋坏深度分为三个等级。

（1）浅龋。龋坏局限于牙釉质，主要表现为牙齿表面呈暗灰色或墨浸状，通常无自觉症状。

（2）中龋。龋齿进一步发展到牙本质浅层，对冷热酸甜的刺激较敏感。

（3）深龋。龋齿发展到牙本质深层，龋坏接近牙髓神经，经冷热刺激后可出现剧烈疼痛，牙齿形成黑洞。

2. 病因

龋齿是在以细菌为主的多种因素作用下，牙体硬组织遭到慢性、进行性破坏的一种疾病。世界卫生组织已将龋齿列为仅次于癌症和心血管疾病的第三大非传染性疾病，患病率呈逐年上升的趋势。任何年龄的人都会发生龋齿，但与恒牙相比，乳牙龋患率更高，龋蚀范围更广、进展更快，因此龋齿是婴幼儿最常见的牙病。婴幼儿龋齿的病因有以下几个方面。

（1）乳牙的牙釉质、牙本质都比恒牙薄，矿化程度低，抗酸腐蚀能力差，一旦发生龋蚀，进展就会很快。

（2）乳牙牙颈部明显缩窄，乳磨牙的牙面窝沟点隙多，相邻牙齿间容易积存食物，且不易清洁。

（3）婴幼儿爱吃含糖量高的食物，当食物残渣粘到牙面上，便成为细菌繁殖的温床，在细菌的作用下产生酸，将牙齿腐蚀成龋洞。

（4）婴幼儿口腔自洁能力差，刷牙漱口不到位。

任务实施

一、任务准备

（1）物品准备：面盆、免洗手消毒剂、儿童牙刷、儿童牙膏、儿童漱口杯、毛巾、牙齿模型、温水适量、签字笔、记录本。用物准备齐全，摆放有序。

（2）照护者准备：着装整齐、得体，修剪好指甲，摘掉佩戴的饰品，用七步洗手法洗净双手。

（3）环境准备：周围环境整洁、安全、温湿度适宜。

二、评估幼儿

评估幼儿生命体征是否良好、意识状态是否良好，有无惊恐、焦虑。

三、任务计划

预期目标：幼儿口腔清洁干净，身心愉悦。

四、任务实操

1. 观察情况

两岁幼儿牙齿已经长齐，牙齿清洁状况一般。

2. 刷牙训练

边念儿歌边做刷牙动作："宝宝，老师先教你一首儿歌好不好？""小牙刷手中拿，张开我的小嘴巴，上刷刷下刷刷，左刷刷右刷刷，刷完牙笑哈哈，露出牙齿白花花。""下面宝宝和我一起学习刷牙吧。"

将牙刷用温水浸泡 1~2 分钟，取黄豆大小的牙膏挤在牙刷上，手握牙刷柄后三分之一处，按以下步骤刷牙：

（1）先刷前牙唇侧，上下刷 8~10 次；

（2）再刷上牙前腭面，刷 8~10 次；

（3）刷下牙舌面，刷 8~10 次；

（4）再刷后牙颊面，刷 8~10 次，上下左右都要刷到；

（5）再刷后牙舌面，刷 8~10 次，上下左右都要刷到；

（6）最后刷牙咬合面，刷 8~10 次，上下左右都要刷到。

共刷 3 分钟左右即可。边说边做刷牙动作。刷完之后用温水漱口，直至牙膏泡沫完全清洗干净即可。最后用毛巾把嘴角和面部擦洗干净："宝宝张开嘴，让老师看看有没有刷干净呀。"请家长提醒幼儿每天用正确的方法早晚各刷牙一次。

3. 后续处理

安排幼儿休息，整理用物，清洗双手，记录照护措施及幼儿口腔情况。

任务评价

请根据学生任务完成情况填写任务评价表。

考核内容		考核点	分值	评分要求	得分
准备	照护者	着装整洁	3	不规范扣1~2分	
	环境	整洁、安全、温湿度适宜	3	不规范扣3分，不完整扣1~2分	
	物品	用物准备齐全	3	少1项扣1分，扣完为止	
	幼儿	评估幼儿生命体征、意识状态	4	未评估扣4分，不完整扣1~2分	
		评估幼儿心理情况（有无惊恐、焦虑）	2	未评估扣2分，不完整扣1分	
计划	预期目标	口述：幼儿口腔清洁干净，身心愉悦	5	未口述扣5分	
实施	观察情况	评估幼儿口腔情况、牙齿清洁状况	5	未评估扣5分	
	刷牙处理	将牙刷用温水浸泡1~2分钟	5	未浸泡牙刷扣5分，不标准扣2分	
		取适量牙膏置于牙刷上	5	未取适量牙膏扣5分	
		手握牙刷柄后三分之一处	5	方法不对扣5分	
		按顺序刷前牙唇侧、上牙前腭面、下牙舌面、后牙颊面、后牙舌面、牙咬合面	20	遗漏一个部位扣5分，方法错误扣10分	
		用温水含漱数次，直至牙膏泡沫完全清洗干净	5	未含漱扣5分，不干净扣3分	
		擦洗幼儿嘴角及面部	5	未擦洗扣5分	
	整理记录	整理用物，安排幼儿休息	5	未整理扣5分，整理不到位扣2~3分	
		洗手	2	洗手不正确扣2分	
		记录照护措施及幼儿口腔情况	3	不记录扣3分，记录不完整扣1~2分	
其他		操作规范，动作熟练	5	操作不规范扣5分	
		幼儿口腔清洁干净	5	未完成刷牙扣5分	
		态度和蔼，动作轻柔，关爱幼儿	5	态度不和蔼扣5分	
		与家长有效沟通，通力合作	5	未与家长沟通扣5分	
总分			100		

> 拓展延伸

窝沟封闭

窝沟封闭是指不损伤牙体组织，将窝沟封闭材料涂布于牙冠咬合面、颊舌面的窝沟点隙，当它流入并渗透窝沟后固化变硬，形成一层保护性的屏障，覆盖在窝沟上，能够阻止致龋菌及酸性代谢产物对牙体的侵蚀，以达到预防窝沟龋的方法。窝沟封闭是一种无痛、无创伤的方法，该技术在国际上已有50多年的使用历史。

窝沟封闭使用的封闭材料称为窝沟封闭剂，其固化后与沟壁紧密粘合，并具有一定的抗咀嚼压力，对进食无碍，并且窝沟封闭剂固化后无毒，对人体无害，一般可以长期保留。做完封闭，最好在3~6个月后进行一次复查，以后每年做口腔常规检查时，应同时检查封闭的牙齿，以便及时发现有无封闭剂脱落的情况，如有脱落，及时给予修复。

窝沟封闭预防窝沟龋的原理是用高分子材料把牙齿的窝沟填平，使牙面变得光滑易清洁。一方面，窝沟封闭后，窝沟内原有的细菌断绝了营养来源，逐渐死亡；另一方面，外面的致龋细菌不能再进入，从而达到预防窝沟龋的目的。

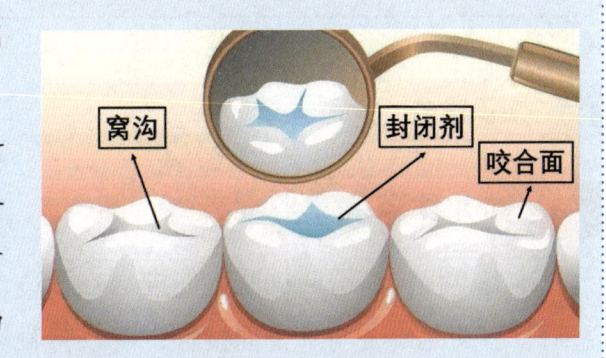

一、窝沟封闭的作用

每个人口腔内后边大牙的咬合面（咀嚼食物的一面）是凹凸不平的，凹陷的部位就叫窝沟。如果发育不好，这些窝沟会非常深，食物和细菌嵌塞进去，很容易发生龋齿（也叫虫牙或蛀牙），医学上称这种龋为窝沟龋。根据口腔流行病学调查，我国青少年90%以上的龋发生在窝沟部位。"六龄齿"就是窝沟龋的好发部位，它是萌出时间最早的恒磨牙，咀嚼功能最强大，也最容易发生龋病，甚至会因龋病而过早脱落。所以保护儿童的第一恒磨牙很重要，而窝沟封闭是预防恒磨牙窝沟龋的最有效方法。

二、窝沟封闭的最佳时机

窝沟封闭的最佳时机为牙齿完全萌出且尚未发生龋坏的时候，达到咬合平面即适宜做窝沟封闭，一般在萌出4年之内。乳磨牙做窝沟封闭的适宜年龄为3~4岁，第一恒磨牙为6~7岁，第二恒磨牙为11~13岁，双尖牙为9~13岁。

对于口腔卫生不良的残疾儿童，可考虑放宽窝沟封闭的年龄。

任务二　幼儿沐浴

案例导入

明明是一个2岁的男孩。在一个阳光明媚的下午，他跟小朋友们在园所草地上玩捉迷藏，玩得非常开心，不一会儿就满头大汗，衣服也脏兮兮的。老师担心明明着凉，赶紧给他洗澡。

任务：作为照护者，请帮助明明进行沐浴（盆浴）。

知识准备

一、幼儿沐浴的意义

沐浴不仅可以清洁皮肤、促进身心舒适，还能促进全身血液循环，有利于新陈代谢和体温调节。幼儿皮肤与水全面接触，可改善触觉和对温度、压力的感知能力，提高对环境的适应能力。

二、幼儿沐浴的准备

1. 沐浴方法的选择

沐浴可分为盆浴和淋浴。家庭一般给幼儿盆浴，2岁后的幼儿可以选择淋浴。专业的水育馆、医院一般选择淋浴。

2. 浴盆的放置

浴盆放置的高度应正好适合给幼儿沐浴，且便于照护者操作。若放在卫生间或卧室地上，或平整的操作台上，可在盆底部垫一块毛巾防滑。

三、幼儿沐浴的步骤

（一）盆浴的步骤

1. 备水

浴盆内备好37~39℃热水，内铺大浴巾以防滑。应先放冷水，再放热水调试水温，可用水温计测量，或用前臂内侧皮肤测试，以不烫为宜。用于幼儿发热降温时，水温应低于体温1℃，备水时稍高2~3℃。

2. 脱衣服

抱幼儿到操作台上，给幼儿脱去衣服，保留尿布，检查皮肤后裹上浴巾，根据需要测体重、量身长。

3. 洗脸

将洗脸的小毛巾放入温水中，拧至不滴水，对折两次，呈近似正方形。用小毛巾两个角分别清洗幼儿的两只眼睛，从眼角内侧向外轻轻擦拭；用另外两个角分别清洗鼻孔下方、口周；换一面，由内向外清洗前额、脸颊、颈部；再换一面清洗外耳道、耳廓及耳后。其间应清洗毛巾1~2次。

4. 洗头

首先，根据幼儿年龄选取恰当的洗头姿势，让幼儿站立、弯腰低头或将幼儿抱起、仰面朝上（图4-1）。对较小幼儿可采用抱姿，照护者左前臂托住幼儿背部，左手掌托住幼儿的头颈部，幼儿脸朝上，左手拇指与中指分别将幼儿双耳廓向前按住，防止水流入造成内耳感染。左臂及腋下夹住幼儿臀部及下肢，将头移至盆边。右手撩水将幼儿头发淋湿，取适量洗发液于掌心并在水中过一下，然后用指腹轻轻揉洗幼儿头皮，再用清水洗净头发，用干毛巾蘸干。检查幼儿外耳道，若有水分或分泌物，用棉签轻轻蘸干。

图4-1 幼儿洗头

5. 入盆

洗完头面部后，脱去浴巾、尿布，左手握住幼儿左肩及腋窝处，让幼儿头颈部枕在照护者左臂上，右手握住幼儿左腿近腹股沟处，轻轻将幼儿放入铺有浴巾的浴盆（臀部先着盆），在幼儿胸腹部搭一块小毛巾。

6. 洗前身

照护者保持左手握持，松开右手，让幼儿头微微后仰。右手用清水打湿幼儿上身，再涂抹沐浴露。遵循由上向下的原则，依次清洗颈下、腋下、胸部、腹部、腹股沟、会阴等处，边洗边冲净沐浴露。

7. 洗后背

右手从幼儿前方握住其左肩及腋窝处，使其头颈部俯于照护者右手臂。左手依次清洗幼儿后颈、背部、臀部、下肢等部位，边洗边冲净沐浴露。

8. 出盆

左手握住幼儿左肩及腋窝处，使幼儿头颈部枕在照护者左臂上，右手握住幼儿左腿近腹股沟处，将幼儿抱出浴盆，放在铺有干净浴巾的操作台上，用浴巾包裹幼儿全身并将水分蘸干，尤其注意耳后及皮肤皱褶处。垫好尿布，给幼儿擦干头发。

9. 浴后护理

用棉签轻轻清除外耳道、眼部分泌物，若有鼻涕，可用棉签蘸温水，轻轻擦除。

10. 穿衣

包好尿布，穿好衣服。

（二）淋浴的步骤

1. 浴前准备

指导、帮助幼儿脱衣服，并将衣服放在固定位置，袜子放在鞋子里，幼儿穿拖鞋进入浴室。

2. 洗头

撩水将幼儿头发淋湿，取适量洗发露于掌心，轻轻揉洗幼儿头皮，用清水洗净头发后擦干。提醒幼儿闭眼、弯腰、低头，防止洗头水进入眼睛。

3. 洗身体

提醒幼儿抬头，将其身体淋湿，依次清洗颈下、腋下、胸部、腹部、腹股沟、会阴等处；提醒幼儿转身，依次清洗后颈、背部、臀部、下肢、脚踝等处，边洗边冲；再让幼儿转身，给幼儿洗脚；最后将沐浴露抹在幼儿全身，将身体冲洗干净。

4. 浴后

擦干身体，穿衣，必要时测体重、量身长（高），安置好幼儿。

（三）注意事项

（1）沐浴应在幼儿进食前后1小时进行。

（2）沐浴中应注意观察幼儿面色和呼吸，如有异常，即刻停止沐浴。

（3）幼儿哭闹时需要暂停沐浴，幼儿患病或皮肤有感染时不宜沐浴。

（4）沐浴前后要减少暴露，注意保暖，动作轻、快。

（5）沐浴中应保持水温恒定，防止幼儿烫伤、受凉。

任务实施

一、任务准备

（1）物品准备：幼儿专用浴盆、幼儿沐浴露、免洗手消毒剂、大毛巾、小毛巾、围裙、水温计、清洁衣服、污物桶、笔和记录本。用物准备齐全，摆放有序。

（2）照护者准备：着装整齐、得体，修剪好指甲，摘掉佩戴的饰品。

（3）环境准备：周围环境整洁、安全、温湿度适宜，门窗关闭，无对流风，地面防滑。

二、评估幼儿

评估幼儿有无出汗、皮肤是否黏腻、有无每日沐浴的习惯；评估幼儿心理状态是否良好、配合程度是否较高。

三、任务计划

预期目标：幼儿积极配合沐浴、心情愉悦。

四、任务实操

1. 盆浴前准备

系好围裙，调试水温，在盆底垫一块大毛巾。

2. 盆浴

先说"宝宝，洗澡了"，再给幼儿脱去衣裤，用大毛巾包裹幼儿全身。

用橄榄球式抱法，将幼儿完全夹在腋下，左前臂托住幼儿背部，手掌托住幼儿头颈部，让幼儿脸朝上，用手指将双耳廓向前按住，防止水流入耳道。

"宝宝，先来洗脸吧。"用四角洗脸法，先由内向外清洗一只眼睛，换一个角清洗另一只眼睛，再换另外两角分别清洗鼻子和嘴巴，接下来换一面清洗额头和脸蛋儿，最后再换一面清洗两只耳朵。

"宝宝，接下来洗头发了。"先将幼儿的头发打湿，在手上涂抹适量无泪配方的洗发露，搓出泡沫，擦在幼儿的头发上。在幼儿头上轻揉一到两分钟，然后冲净泡沫。

将幼儿抱回操作台，用大毛巾将头发上的水及时擦干，检查幼儿的耳朵里有没有进水。给较小幼儿脱掉纸尿裤，拿开第一条大毛巾。

"宝宝，老师来给你洗身体了。"让幼儿在浴盆内坐好，用一块小毛巾挡住幼儿的脐部，将幼儿全身打湿，在手上涂抹沐浴露，搓出泡沫。"宝宝，洗洗小脖子，褶皱处也要洗得干干净净哟。洗洗宝宝的腋下、手臂、小手，然后是宝宝的前胸、小肚子、腹股沟，再洗洗宝宝的小屁屁。"如果是男性幼儿，要把阴囊下面的褶皱处也清洗干净；如果是女性幼儿，要用流动的水从前向后清洗。最后清洗腿和脚。

3. 盆浴后处理

洗完后及时将幼儿抱起，放于第二条大毛巾中，迅速包裹，擦干全身。检查幼儿臀部，如有红臀情况，涂上护臀膏。

把幼儿的衣服穿好，将上衣掖到裤子里，脱去自己的围裙，将幼儿安置妥当。"宝宝，洗澡之后我们安静待一会儿，先不要剧烈活动。"

最后将棉质物品放入污物桶待清洗消毒，以备下次使用，一次性物品扔入垃圾桶，及时消毒双手，在工作记录本上记录幼儿的沐浴情况。

任务评价

请根据学生任务完成情况填写任务评价表。

考核内容		考核点	分值	评分要求	得分
准备	照护者	着装整洁，指甲经修剪，双手清洁、温暖	3	不规范扣1~2分	
	环境	温湿度适宜，门窗关闭，无对流风，地面防滑	3	不规范扣3分	
	物品	用物准备齐全、放置合理	3	少1项扣1分，扣完为止	
	幼儿	评估幼儿皮肤状态、日常沐浴习惯	4	未评估扣4分，不完整扣1~2分	
		评估幼儿心理情况、配合程度	2	未评估扣2分，不完整扣1分	
计划	预期目标	口述：幼儿积极配合沐浴、心情愉悦	5	未口述扣5分，不完整扣2~3分	

续表

考核内容		考核点	分值	评分要求	得分
实施	盆浴前准备	系好围裙，调试水温，在盆底垫一块大毛巾	4	未测水温扣4分	
		评估幼儿全身状况及精神状态	2	未评估扣2分	
		脱掉幼儿衣裤，用大毛巾包裹幼儿全身	6	方法不正确扣6分	
	盆浴	清洗头面部时抱姿正确，幼儿安全。左前臂托住幼儿背部，手掌托住头颈部，幼儿脸朝上，拇指与中指分别将双耳廓向前按住，防止水流入耳道	8	方法不正确扣8分	
		面部清洗方法正确，动作轻柔	5	方法不正确扣5分	
		头发清洗方法正确，动作轻柔，及时擦干	5	方法不正确扣5分	
		将幼儿抱回操作台，解开大毛巾，取下纸尿裤（较小幼儿）	2	方法不正确扣2分	
		清洗躯干时抱姿正确，换手时动作熟练，幼儿安全	5	方法不正确扣5分	
		按顺序擦洗幼儿全身，沐浴液冲洗干净，动作轻柔、熟练，幼儿安全	8	方法不正确扣8分，动作不熟练、顺序不正确扣3分	
		及时将幼儿抱起放于第二条大毛巾中，迅速包裹、拭干水分	5	方法不正确扣5分	
	盆浴后处理	幼儿臀部护理方法正确	2	方法不正确扣2分	
		给幼儿穿衣方法正确、熟练	2	方法不正确扣2分	
		脱去围裙，将幼儿安置妥当，并告知沐浴后的注意事项	2	方法不正确扣2分	
		垃圾初步处理方法正确	2	方法不正确扣2分	
		及时消毒双手，记录沐浴情况	2	未消毒、未记录扣2分	
评价		操作规范，动作熟练	5	操作不规范扣5分	
		操作过程注意保暖	5	未注意保暖扣5分	
		操作过程注意做好防护	7	防护不到位扣7分	
		操作过程注意保持用物清洁	3	未清洁扣3分	
		总分	100		

▶ **拓展延伸**

婴儿沐浴、清洁用品

准备物品	数量	用途及注意事项
婴儿沐浴露	1瓶	选择温和无刺激的产品
婴儿洗发露	1瓶	选择无香料、温和不刺激的产品
婴儿润肤乳液	1瓶	可滋润皮肤，夏日洗完澡后使用
婴儿润肤油	1瓶	可防止尿布疹，在冬天洗完澡或换尿布时使用
婴儿护臀霜	1瓶	可保护婴儿臀部皮肤
婴儿爽身粉	1罐	婴儿洗完澡或换尿布后少量使用，可保持皮肤干爽舒适
浴盆	1个	最好选用婴儿专用澡盆，有助于婴儿养成爱洗澡的习惯
防滑垫	1个	可使照护者为婴儿洗澡时更顺手，并让婴儿有安全感
纱布洗澡巾	4条	纱布不易刮伤婴儿的肌肤
大浴巾	2条	选择纯棉质料，浴后可以及时包裹婴儿保暖
小毛巾	2条	洗脸或日常清洁擦拭用
婴儿柔湿巾	2包	婴儿便后擦拭用
纱布手帕	6~12条	婴儿溢奶或流口水时擦拭用
安全指甲钳	1支	能安全地给婴儿剪指甲
安全别针	4~6个	给婴儿穿衣、盖被时固定用
吸鼻器	1个	婴儿鼻内分泌物过多时使用
洗澡玩具（浮水性）	2~4个	帮助婴儿喜欢上洗澡
软毛牙刷	1~2支	软毛不伤牙龈，帮助婴儿保持口腔卫生
婴儿坐便	1个	训练婴儿排便用

项目五 婴幼儿睡眠照料

学习目标

知识目标

（1）掌握组织睡前活动的基本要求。
（2）掌握睡前活动的种类及问题应对策略。
（3）掌握穿脱衣物的正确方法。
（4）掌握指导幼儿穿脱衣物的原则。

能力目标

（1）能合理组织幼儿睡前活动。
（2）能正确指导幼儿穿脱衣物。

素质目标

（1）能在操作中关心和爱护婴幼儿。
（2）培养热爱婴幼儿、热爱婴幼儿保育工作的职业情感和态度。

任务一　组织睡前活动

案例导入

乐乐，女，27个月，体格发育基本正常，无疾病。乐乐用完午餐准备午睡，但并无睡意，一直讲话。

任务：作为照护者，请合理组织乐乐的睡前活动。

知识准备

合理组织幼儿睡前活动，可以帮助幼儿尽快入睡，保证良好的睡眠质量。照护者应了解组织睡前活动的基本要求及活动种类，再结合幼儿的年龄、身体状况及不同的睡眠习惯等，合理地组织幼儿睡前活动。

一、组织睡前活动的基本要求

1. 营造良好睡眠环境

可通过播放和缓优雅的音乐、轻声细语讲故事等方式，营造宁静、温馨的睡眠氛围。睡觉前，照护者可轻声进入卧室，并用手势代替语言，暗示幼儿尽快入睡，同时，多用鼓励性的动作夸奖幼儿，如翘翘大拇指、轻轻地安抚幼儿的头和身体等，给幼儿一种安全感、温馨感。

2. 合理组织睡前活动

睡前过量的活动容易引起幼儿兴奋或紧张的情绪，从而影响睡眠。因此，照护者在睡前应根据幼儿身体状况及需求，为其安排一些安静放松的活动，使幼儿入睡时情绪安定，如听音乐、看书、折纸、散步等，时间以20分钟左右为宜。

3. 做好睡前如厕工作

照护者应在睡前10分钟及时提醒、督促幼儿大小便，清除生理需要对睡眠的干扰。幼儿大小便后，提醒他们轻轻地走进卧室，安静地上床。对于个别情绪易激动的幼儿，照护者需要进行安抚，如拍拍他的背、摸摸他的头，使他感受到家人般的呵护，从而逐渐平静下来。

二、睡前活动的种类

（1）听音乐。可播放幼儿感兴趣的音乐或轻柔舒缓的儿歌等，不要播放过于兴奋、动感性强的音乐。

（2）散步。指导幼儿在室外宽敞、安全的场地散步，如去花园观察花草树木的变化，闻闻花香，看看在花丛中飞舞的蝴蝶，听听小鸟的叫声，享受大自然带来的乐趣，但要禁止剧烈活动。

（3）讲故事。可选择情节相对舒缓的故事，用轻柔的语气声情并茂地讲述，也可请幼儿自己讲述。

（4）做手工。陪伴或要求幼儿独立完成一些简单的手工，如折纸等，不要选择过于复杂的手工，以免花费太长时间，影响睡眠。

（5）看绘本。可提供一些适合幼儿阅读的绘本，可要求幼儿自己看，也可陪伴幼儿一起看。

（6）主题角活动。托育机构设置有图书、美工、娃娃家等主题角，照护者可以安排幼儿自主选择主题角进行活动。

任务实施

一、任务准备

（1）物品准备：操作台、多媒体、仿真幼儿模型、故事书1本、手工玩具1套、铅笔与签字笔各1支、记录本1本、大毛巾1条、消毒剂。用物准备齐全，摆放有序。

（2）照护者准备：着装整齐、得体，修剪好指甲，摘掉佩戴的饰品；具备组织幼儿睡前活动的操作技能和相关知识。

（3）环境准备：环境整洁、明亮、安全、温湿度适宜。

二、评估幼儿

评估幼儿是否出现目光呆滞、打哈欠的现象。

三、任务计划

预期目标：睡前活动安排合理、有序进行，幼儿成功入睡。

四、任务实操

1. 检查活动场地及用物

（1）检查活动场地是否干净、整洁、宽敞、安全。

（2）根据活动内容，准备活动所需用物，检查用物是否完好、干净，有无锋利物品，确保幼儿活动过程中的安全。

2. 组织睡前活动

（1）组织幼儿进入睡前活动的场地。

老师："宝宝们排好队列进入花园，请在花园里自由散步，散完步后排好队列回到教室。"

（2）播放舒缓或轻柔的儿歌或摇篮曲。

（3）组织睡前故事或手工活动。

老师："宝宝们快来听故事啦。"

还可安排做手工、看绘本，也可由幼儿自由选择主题角进行活动。

（4）指导幼儿分类整理活动用物。

老师："宝宝们，老师的故事讲完了，接下来咱们让故事书们回家吧。"

（5）指导幼儿洗手、用小毛巾擦干。

准备现场用物，用七步洗手法洗净双手。

（6）指导或协助幼儿如厕，排空大小便。

（7）如厕后洗手、擦干手。

（8）指导或协助幼儿脱衣上床睡觉。

3. 后续整理

整理用物，洗手，记录。

任务评价

请根据学生任务完成情况填写任务评价表。

考核内容		考核点	分值	评分要求	得分
准备	照料者	着装整齐	3	不规范扣3分	
	环境	整洁、安全	3	不规范扣3分	
	物品	用物准备齐全	3	少1项扣1分，扣完为止	
	幼儿	评估幼儿合作程度	1	未评估扣1分	
		评估幼儿心理情况（是否平静）	1	未评估扣1分	
计划	预期目标	口述：睡前活动安排合理、有序进行，幼儿成功入睡	5	未口述扣5分	

续表

考核内容		考核点	分值	评分要求	得分
实施	活动场地检查	检查环境是否整洁、安全	2	未检查扣2分	
		检查活动物品是否安全、干净、完好	2	未检查扣2分	
	组织睡前活动	介绍睡前活动内容及要求	20	未介绍扣20分	
		播放轻柔音乐	10	未播放扣10分	
		开展故事讲述活动或做手工、看绘本	25	根据完成情况，对不规范活动酌情扣分	
	整理记录	整理用物，妥善安置幼儿	2	未整理扣2分	
		洗手	2	洗手不正确扣2分	
		记录照护措施	1	不记录扣1分	
其他		操作规范，动作熟练	5	操作不规范扣5分	
		有效安抚幼儿睡前情绪	5	无效安抚扣5分	
		态度和蔼，动作轻柔，关爱幼儿	5	态度不和蔼，动作不轻柔扣5分	
		与家长有效沟通，通力合作	5	无效沟通扣5分	
		总分	100		

拓展延伸

睡眠的时间安排

应从如下几个方面衡量婴儿睡眠质量：夜间睡眠时间及时长、白天小睡的次数及时长、什么月龄开始睡整夜觉、夜醒是否频繁、昼夜作息是否规律。

一、婴儿白天小睡时长

婴儿晚上比较合适的就寝时间是20：30，不同月龄的睡眠时长如表5-1所示，但即使是同一月龄段，不同婴儿的睡眠总时长也可能存在差异。如果婴儿的睡眠总时长和表格数据相比有较大差异，可以咨询医生，不能简单地断定"睡得太少"或"睡得太多"，还需要结合婴儿的整体发育（身高、体重、大运动、语言等）、情绪和精神状态等综合分析。

表5-1 不同月龄婴儿的睡眠时长

月龄	0~6周	7周~8个月	9~12个月
睡眠时长/小时	15~18	14~15	14

二、婴儿白天小睡次数

白天小睡能帮助婴儿补充能量，以确保清醒时处于最佳状态。如果发现婴儿出现昏昏欲睡、注意力不集中、活动不能持久、适应能力不足等现象，有可能是白天小睡不足导致的。不同月龄婴儿的白天小睡情况如表 5-2 所示。

表 5-2 不同月龄婴儿的白天小睡情况

月龄 / 月	0~3	4~8	9~12
白天小睡次数 / 次	3~5	3	2
白天小睡时长	每次 2~3 小时	晨觉：40 分钟左右 午觉：2 小时左右 黄昏觉：40 分钟左右	上午：不超过 2 小时 下午：不超过 2 小时

任务二　脱穿衣物指导

案例导入

中午午睡后，幼儿们准备起床，老师为了提高幼儿的生活自理能力，先给幼儿讲解了穿外套和裤子的方法，并进行示范，然后要求幼儿自己学习穿衣。这时，老师发现欢欢拿着裤子不动，于是走到欢欢身边问："宝贝，你怎么了？"欢欢难为情地说："我不知道怎么穿。"

任务：作为照护者，请正确引导幼儿穿脱衣物。

知识准备

指导幼儿穿脱衣物，不仅能提高幼儿的生活自理能力，也能培养幼儿的自信心。照护者应掌握穿脱衣物的正确方法，遵循指导幼儿穿脱衣物的原则，进行正确的示范，耐心、细心地指导幼儿穿脱衣物。

照护者应根据不同年龄幼儿的自理能力，循序渐进地指导幼儿穿脱衣物，遵循从上到下、从里到外、从简单到复杂的原则：12 月龄以上的幼儿，可以训练脱袜子、脱鞋、戴帽子；18 月龄以上的幼儿，可以训练脱上衣、脱裤子；24 月龄以上的幼儿，可以训练穿鞋袜，并在照护者的帮助下完成穿衣；30月龄以上的幼儿，可以训练穿衣服、裤子、系扣子等。

任务实施

一、任务准备

（1）物品准备：操作台、多媒体、仿真幼儿模型、开襟衫1件、套头衫1件、裤子1条、鞋子1双、袜子1双、记录本1本、免洗手消毒剂。用物准备齐全，摆放有序。

（2）照护者准备：着装整齐、得体，修剪好指甲，摘掉佩戴的饰品；具备指导幼儿穿脱衣物的操作技能和相关知识。

（3）环境准备：环境整洁、明亮、安全、温湿度适宜。

二、评估幼儿

评估幼儿意识是否清醒、是否健康、是否具备初步自理能力。

三、任务计划

预期目标：幼儿在照护者的指导下完成衣物穿脱。

四、任务实操

（一）穿脱衣物前的准备

（1）准备好幼儿要穿的衣裤鞋袜等，尽量选择宽松一点的衣物。

（2）教会幼儿认识衣裤袜的前后和里外、鞋子的左右。

（二）穿脱衣物的指导

1. 指导幼儿穿开襟衣服

（1）照护者示范穿开襟衣服：取衣服，正面在外，反面在里；双手抓住衣领向后甩，将衣服披在肩头；手指拽住内衣袖子，手握成拳头状，穿外衣袖子；翻好衣领，将衣服前襟对齐，自上而下或自下而上系好扣子或拉好拉链；检查扣子是否对齐、衣领是否翻好。

（2）照护者逐步口述穿开襟衣服的程序及方法，幼儿根据照护者口述的内容逐步完成，照护者及时纠正幼儿不正确的做法。

2. 指导幼儿穿套头衣服

（1）照护者示范穿套头衣服：取衣服，正面在外，反面在里；将头钻入领口；将衣服正面转到胸前；找到两只袖子并一一穿上；整理好衣服。

（2）照护者逐步口述穿套头衣服的程序及方法，幼儿根据照护者口述的内容逐步完成，照护者及时纠正幼儿不正确的做法。

3. 指导幼儿穿裤子

（1）照护者示范穿裤子：取裤子，先辨别前后，双手提好裤腰；将腿伸入裤筒里，先伸一条腿，再进另一条腿；提裤子至腰上，将内衣塞进裤子里。

（2）照护者逐步口述穿裤子的程序及方法，幼儿根据照护者口述的内容逐步完成，照护者及时纠正幼儿不正确的做法。

4. 指导幼儿穿袜子

（1）照护者示范穿袜子：分辨袜子的不同部位，如袜尖、袜底、袜跟、袜筒；手持袜筒，袜底放在下面，袜尖朝前；两手将袜筒推叠到袜后跟，再往脚上穿；先穿脚尖，再穿脚跟，最后提袜筒。

（2）照护者逐步口述穿袜子的程序及方法，幼儿根据照护者口述的内容逐步完成，照护者及时纠正幼儿不正确的做法。

5. 指导幼儿穿鞋子

（1）照护者示范穿鞋子：分辨左右两只鞋，并将左鞋和右鞋放正；两脚分别穿上鞋，用手提后跟；系鞋扣或鞋带。

（2）照护者逐步口述穿鞋子的程序及方法，幼儿根据照护者口述的内容逐步完成，照护者及时纠正幼儿不正确的做法。

6. 指导幼儿脱衣服

脱开襟衣服时，先解开扣子，再从背后逐一拉下两只袖子。脱套头上衣时，先将两只袖子脱掉，再脱领口。

7. 指导幼儿脱裤子

将裤腰脱至膝部以下，两只手分别抓住两个裤腿往外扯，同时把脚往里缩，手脚同时用力，脱掉裤子。

（三）后续整理

整理用物，洗手，记录照护措施。

▶ **任务评价**

请根据学生任务完成情况填写任务评价表。

考核内容		考核点	分值	评分要求	得分
准备	照护者	着装整齐	3	不规范扣3分	
	环境	整洁、安全	3	不规范扣3分	
	物品	用物准备齐全	3	少1项扣1分，扣完为止	
	幼儿	评估幼儿是否健康、有一定的自理能力	1	未评估扣1分	
		评估幼儿是否意识清醒、情绪稳定	2	未评估扣2分	
计划	预期目标	口述：幼儿在指导下完成衣物穿脱	5	无口述扣5分	
实施	穿脱衣物准备	检查衣服是否齐全	3	未检查扣3分	
		口述检查结果	3	无口述或口述不正确扣3分	
	穿脱衣物指导	指导幼儿穿开襟衫	8	穿戴不整齐酌情扣分	
		指导幼儿穿套头衫	8	方法不对酌情扣分	
		指导幼儿穿裤子	8	裤腿未穿好扣4分	
		指导幼儿穿袜子	8	穿单只扣4分	
		指导幼儿穿鞋子	8	穿单只扣4分	
		指导幼儿脱衣服	8	方法不对酌情扣分	
		指导幼儿脱裤子	10	方法不对酌情扣分	
	整理记录	整理用物	3	未整理扣3分	
		洗手	2	洗手不正确扣2分	
		记录照护措施	2	不记录扣2分	
其他		操作规范，动作熟练	4	操作不规范扣4分	
		态度和蔼，动作轻柔，关爱幼儿	4	态度不和蔼，动作不轻柔扣5分	
		与家长有效沟通，通力合作	4	无效沟通扣4分	
	总分		100		

> **拓展延伸**

注意事项

（1）要鼓励和帮助婴幼儿学习穿脱衣服。对于年龄较小、自理能力较差的幼儿，照护者应在其穿脱困难时给予帮助。

（2）照护者应督促幼儿抓紧时间穿脱衣物，防止边玩边脱，避免感冒。

（3）照护者应做好穿脱衣物的检查工作，并教会较大的幼儿进行自我检查。

（4）冬季应注意幼儿裤子是否出现问题，防止幼儿将腿伸进外裤和毛裤中间。幼儿的内衣要塞进裤子，防止肚皮受凉。同时应注意检查幼儿是否将裤子前后穿反。

（5）幼儿常会将袜跟穿到脚面上，应及时予以纠正和指导。

（6）教会幼儿用袜筒包住衬裤的裤脚，防止穿毛裤时衬裤上窜，导致棉裤或毛裤内形成空筒，影响保暖。

（7）在幼儿活动时，照护者应注意观察幼儿的鞋带和鞋扣，发现松开应及时帮助或提醒他们系好。

（8）在较冷的季节，幼儿穿衣服时应尽量减少胸部暴露在外的时间，避免着凉。要告诉幼儿，穿衣服时应先将毛衣或棉衣穿上，再穿袜子、裤子等。脱衣服时应最后脱毛衣。

在幼儿自我意识建立的关键期，让孩子自己穿脱衣服，不仅可以培养其生活自理能力，还可以发展他们的身体协调能力，帮助他们了解身体结构，而且能培养自我管理的责任感，以及物品对称和逻辑顺序的观念。

游戏是幼儿最主要也是最有效的学习方式。引导幼儿穿脱衣服，也要符合孩子们的天性。可以把穿衣步骤编成生动有趣的儿歌，让孩子在轻松愉悦的氛围中，熟记穿衣步骤。在幼儿学会穿衣后，还可以进行亲子互动游戏，进一步巩固穿脱衣服的技巧。

模块三

婴幼儿日常保健

模块概述

婴幼儿日常保健的重要性体现在以下几个关键方面：

（1）生长发育。婴幼儿时期是人体生长发育最为迅速的阶段，良好的保健措施有助于促进婴幼儿体格、智力、情感等方面的全面发展，奠定一生健康的基石。

（2）预防疾病。婴幼儿免疫系统尚未完全成熟，容易受到各种疾病的侵袭。通过定期免疫接种、合理饮食、充足睡眠和个人卫生管理等方式，能有效预防婴幼儿时期常见的感染性疾病和其他慢性疾病。

日常保健对于婴幼儿的身心健康有着决定性的影响，是保障儿童健康成长的关键环节。

模块导读

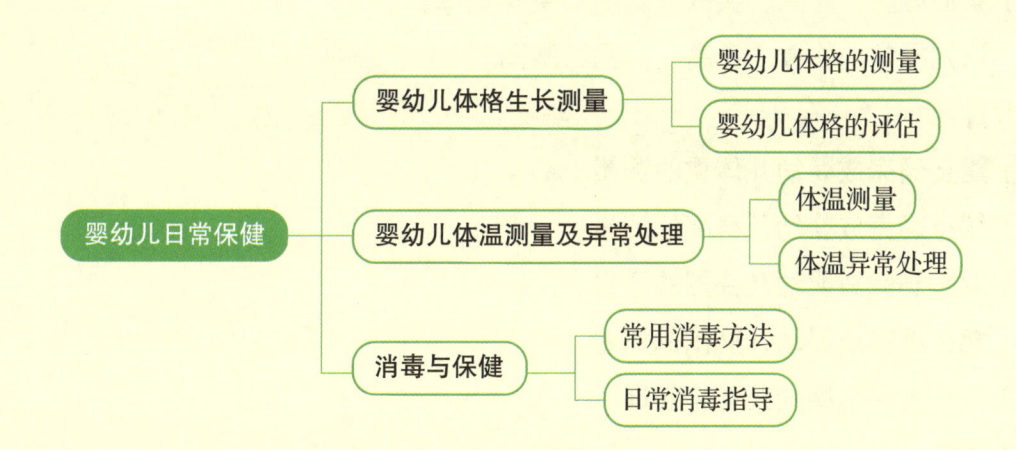

```
                            ┌── 婴幼儿体格的测量
            ┌─ 婴幼儿体格生长测量 ─┤
            │               └── 婴幼儿体格的评估
            │
            │                      ┌── 体温测量
婴幼儿日常保健 ─┼─ 婴幼儿体温测量及异常处理 ─┤
            │                      └── 体温异常处理
            │
            │               ┌── 常用消毒方法
            └─ 消毒与保健 ────┤
                            └── 日常消毒指导
```

项目六

婴幼儿体格生长测量

学习目标

知识目标

（1）掌握体重、身高（身长）、头围、胸围测量的方法与注意事项。

（2）掌握体重、身高、头围、胸围的生长规律。

（3）识别异常的体重、身高、头围、胸围。

能力目标

（1）能正确完成婴幼儿体重的测量。

（2）能正确完成婴幼儿身高的测量。

（3）能正确完成婴幼儿头围的测量。

（4）能正确完成婴幼儿胸围的测量。

（5）能正确评估婴幼儿体格发展。

素质目标

（1）具有发现婴幼儿体格生长明显异常的敏锐性和责任心。

（2）以严格的态度进行测量和评估。

任务一　婴幼儿体格的测量

案例导入

佳佳，女，10个月大，瘦小。父母因担心孩子饮食不够好、发育不良，来到托幼机构找老师进行咨询。

任务： 作为照护者，对佳佳进行体格测量（体重、身高、头围、胸围），完成体格生长评估。

知识准备

婴幼儿时期是儿童生长发育的关键时期，这一时期大脑和身体快速发育。为婴幼儿提供良好的养育照护和健康管理，有助于儿童在生理、心理和社会能力等方面得到全面发展，为未来的健康成长奠定基础，并有助于预防成年期心脑血管病、糖尿病、抑郁症等多种疾病的发生。

婴幼儿体格发育的评价指标主要有体重、身高（身长）、头围、胸围及坐高。

1. 体重

体重是衡量体格生长的重要指标，代表身体各器官、系统与体液重量的总和，也是反映婴幼儿营养状况的最容易获得的灵敏指标。

新生儿出生时体重约为3 kg，生后2~3天可出现生理性体重下降，生后7~10天恢复到出生时的体重。1岁时体重约为出生时的3倍，满2岁时可达4倍，2岁后到8岁期间，体重每年增长不足2 kg，8岁后体重每年增长2 kg以上，到青春期后，增长又会加速。

2. 身高（身长）

身高代表头、脊柱和下肢长度的总和。3岁以内婴幼儿因立位测量易不准确，而采用卧位测量，故又称身长。

新生儿出生时身长平均值为50 cm，1岁时约为出生时的1.5倍，第二年平均增长10 cm左右，约为85 cm，以后每年递增5~7.5 cm。

身高受种族、遗传和环境的影响较明显，受营养的短期影响不显著，但与长期营养状况关系密切。

3. 头围

头围的大小与脑和颅骨的发育有关。新生儿出生时头围平均值为34 cm，出生后第一年的头围增长 12 cm 左右，1 岁时为 46 cm 左右；第二年增长 2 cm 左右，2 岁时头围为 48 cm 左右；5 岁时为 50 cm 左右；15 岁时为 53~54 cm，与成人接近。

大脑发育不全时，可出现小头畸形。头围过大则可能是脑积水。

4. 胸围

胸围代表胸廓与肺的发育。新生儿出生时，胸围小于头围 1~2 cm。1 岁后，胸围赶上头围。头、胸围交叉时间与婴幼儿的营养状况有关，一般在 15 个月左右。

5. 坐高

坐高是从头顶至坐骨结节的长度。3 岁以下婴幼儿卧位测量，故也称顶臀长。坐高的增长反映脊柱和头部的发育。新生儿出生时坐高平均为 33 cm，约占身长的 66%，2 岁时约占身长的 61.1%，4 岁时约占身长的 60.0%，6~7 岁时约占身长的 56.4%。

若婴幼儿坐高与身长的比例大于正常值范围，应考虑是否患有内分泌疾病或软骨发育不全等疾病。

任务实施

一、任务准备

（1）物品准备：操作台、仿真幼儿模型、体重秤（婴儿体重秤、普通家用电子秤或高精度家用电子秤）、软皮尺 1 把、长方体木块 2 块、铅笔与签字笔各 1 支、记录本 1 本、大毛巾 1 条。用物准备齐全，摆放有序。

（2）照护者准备：着装整齐、得体，修剪好指甲，摘掉佩戴的饰品。

（3）环境准备：周围环境整洁、明亮、安全、温湿度适宜。

二、评估幼儿

评估婴幼儿年龄及合作态度。

三、任务计划

预期目标：正确测量并记录婴幼儿身高（身长）、体重、胸围和头围。

四、任务实操

（一）身高测量

（1）如有带身高尺的体重秤，可直接测量身高。

（2）制作简易测量器，将皮尺平行于操作台长轴拉直、两端用胶布固定在操作台上，皮尺的零刻度处垂直于皮尺放置，用一块木块充当"头板"，另一块木块与头板平行放于操作台，充当足板。

（3）脱去婴儿帽子、厚实的外衣裤、鞋袜。

（4）轻抱婴儿放于操作台上，使其身体长轴平行于皮尺，固定幼儿头部，使其头顶接触头板、目光平视天花板。

（5）双手将婴儿两腿内旋、两膝并拢，接着用一只手按直膝部，使婴儿下肢伸直、紧贴操作台，另一只手将足板始终垂直于皮尺移动至紧贴婴儿足跟。

（6）保持视线与足板刻度在一条直线上进行读数，精确至 0.1 cm。

（二）体重测量

（1）高精度的家用电子体重秤可精确测量到 10 g，各年龄段儿童均适用。

（2）将一块毛巾铺于体重秤上，校零。

（3）脱去婴儿衣物、鞋袜至裸体或仅着单衣。

（4）轻抱婴儿放于秤中央，或指导家长抱着婴儿轻上轻下，平稳站于秤中央。

（5）使婴儿或家长不摇晃，身体不接触其他物品。

（6）数值显示稳定后读数并记录。

（三）胸围测量

（1）暴露婴儿胸部。

（2）婴儿取坐位或者平仰卧位，双手自然下垂或平放，平静呼吸。

（3）用手指触摸婴儿两肩胛骨下缘，确定测量位置。

（4）站立于婴儿前方，将软皮尺零点固定于近侧乳头下缘。

（5）另一只手将软尺贴皮肤经两肩下角绕至对侧乳头下缘后回到零点。

（6）吸气和呼气时各测一次，取平均值，精确到 0.1 cm。

（7）为婴儿穿好上衣。

（四）头围测量

（1）摘下婴儿帽子，为幼儿整理头发。

（2）让婴儿处于立位或卧位，不合作者可由家长抱坐于腿上，同时协助固定婴儿头部。

（3）将软尺沿眉毛，经婴儿头部右侧水平绕头后，经过枕骨结节的最高点绕回另一侧眉弓上缘回至零点。

（4）将软尺重叠，重叠处的数字即为婴儿的头围。

（5）读数时需要精确至 0.1 cm。

（五）整理记录

（1）每项测量结束都要及时在工作记录本上做好记录。

（2）最后整理好用物，用七步洗手法洗净双手。

任务评价

请根据学生任务完成情况填写任务评价表。

考核内容		考核点	分值	评分要求	得分
准备	照护者	着装整齐	1	不规范扣1分	
	环境	整洁、安全	2	不规范扣2分	
	物品	用物齐全	5	少1项扣1分	
	婴儿	评估婴儿年龄及合作态度	2	未评估扣2分	
计划	预期目标	口述：正确测量并记录婴儿身高、体重、胸围和头围	2	未口述扣2分，口述不完整扣1分	
实施	身高测量	采取卧位	2	不规范扣2分	
		制作简易测量器	4	每处不规范扣1分	
		脱去婴儿衣物	1	不规范扣1分	
		固定婴儿头部	5	未做到扣5分，不规范酌情扣分	
		使婴儿下肢伸直、紧贴操作台	5	未做到扣5分，不规范酌情扣分	
		读数并记录	3	记录错误或未记录扣3分	
	体重测量	使用电子体重秤	1	不规范扣1分	
		铺毛巾	2	不规范扣2分	
		脱去婴儿衣服	2	未脱衣扣2分，衣服去除不完整扣1分	
		轻抱婴儿	5	不规范扣5分	
		使婴儿身体不接触其他物品	3	不规范扣3分	
		数值显示稳定后读数并记录	3	记录错误或未记录扣3分	

续表

考核内容		考核点	分值	评分要求	得分
实施	胸围测量	暴露婴儿胸部	1	不规范扣1分	
		取坐位或卧位	5	不规范扣5分	
		口述测量方法	2	未口述扣2分	
		将软皮尺零点固定于近侧乳头下缘	3	不规范扣3分	
		另一只手将软皮尺绕至对侧乳头下缘后回到零点	2	不规范扣2分	
		读取与零刻度相重叠的刻度值并记录	3	记录错误或未记录扣3分	
		为婴儿穿好上衣	2	未穿衣扣2分	
	头围测量	摘下婴儿帽子	5	未脱帽扣5分	
		取立位或卧位	2	不规范扣2分	
		确定测量位置，口述测量方法	2	未口述扣2分，口述不完整扣1分	
		将软皮尺零点固定	3	不规范扣3分	
		另一只手绕至上缘回到零点	2	不规范扣2分	
		读取刻度值并记录	3	记录错误或未记录扣3分	
		为婴儿整理头发和帽子	1	不规范扣1分	
	整理记录	整理用物，安抚婴儿	3	不规范扣3分	
	其他	操作规范，动作熟练	5	操作不规范扣5分	
		态度温和，有安全防范和保暖意识	3	态度不当或意识不到位扣3分	
		测量结果正确	5	结果错误扣5分	
总分			100		

> 拓展延伸

《3岁以下婴幼儿健康养育照护指南（试行）》节选

一、婴幼儿健康养育照护的重要意义

儿童早期是生命全周期中人力、资本投入产出比最高的时期，儿童早期的发展不仅决定了个体的健康状况与发展，也深刻影响着国家人力资源和社会经济发展。对婴幼儿进行良好的养育照护和健康管理是实现儿童早期发展的重要举措。父母是婴幼儿养育照护和健康管理的第一责任人，儿童保健人员要强化对养育人养育照护的咨询指导。

二、婴幼儿健康养育照护的基本理念

（一）重视婴幼儿早期全面发展

儿童早期发展是指儿童在这个时期生理、心理和社会能力方面得到全面发展，具体体现在儿童的体格、运动、认知、语言、情感和社会适应能力等各方面的发展。早期发展对婴幼儿的成长具有重要意义，养育人要关注婴幼儿的全面发展。

（二）遵循儿童生长发育规律和特点

养育人要遵循婴幼儿生长发育的规律，尊重个体特点和差异，不盲目攀比，避免揠苗助长。要做好定期健康监测，及时关注婴幼儿生长发育异常表现，做到早发现、早诊断、早干预。

（三）给予儿童恰当积极的回应

养育人要了解各年龄段婴幼儿身心发展特点，在养育照护中应关注婴幼儿的表情、声音、动作和情绪等表现，理解其所发出的信号和表达的需求，及时给予恰当、积极的回应。

（四）培养儿童自主和自我调节能力

婴幼儿的自理能力和良好的行为习惯是在日常生活中逐步养成的。养育人要帮助婴幼儿建立规律的生活作息，养成良好的生活习惯。

（五）注重亲子陪伴和交流玩耍

婴幼儿在与养育人的亲密相处中逐渐认识自我、建立自信、培养情感和拓展能力。交流和玩耍是亲子陪伴的重要内容，也是养育照护中促进婴幼儿早期发展的核心措施。

（六）将早期学习融入养育照护全过程

在日常养育过程中，养育人要将早期学习融入婴幼儿养育照护的每个环节，充分利用家庭和社会资源，为婴幼儿提供丰富的早期学习机会。

（七）努力创建良好的家庭环境

家庭是婴幼儿早期成长和发展的重要环境。要构建温馨、和睦的家庭氛围，给儿童展现快乐、积极的生活态度，培养积极、乐观的品格。

(八)认真学习提高养育素养

养育人要学习婴幼儿生长发育知识，掌握养育照护和健康管理的各种技能和方法，不断提高科学育儿的能力，在养育的实践中，与儿童同步成长。

任务二　婴幼儿体格的评估

案例导入

宝宝，男，2岁，身高比同龄孩子矮，偏瘦小。出于担心，宝宝的妈妈请老师评估一下宝宝的生长情况。

任务：请根据宝宝最近的身高、体重测量结果，对宝宝的生长发育和营养状况做出评估。

知识准备

健康是婴幼儿幸福快乐的基础和源泉，每个家长都希望孩子能健康、快乐地成长。通过系统的健康检查，可了解婴幼儿的生长发育情况及健康状况，尽早发现疾病或身体缺陷，以便采取矫正和干预措施，促进婴幼儿健康成长。

健康检查的项目包括形态指标、生理功能指标、生化功能指标、神经心理发育情况等，其中形态学指标能直观地体现出婴幼儿生长发育的情况，其测量和评估的方法简单易行，家长和婴幼儿照护者应能较好地运用。

一、六级评价法

目前我国评价小儿体格生长的测评方法中，均值离差法是一种常用的统计方法。该方法通过将各项体格生长发育指标的均值作为基准值，以标准差为离散距，将儿童的生长发育情况划分为6个等级。具体划分如下：

（1）高：大于均值加2个标准差（均值＋2SD）。

（2）中高：介于均值加1个标准差（均值＋1SD）到均值加2个标准差（均值＋2SD）之间。

（3）中上：介于均值到均值加1个标准差（均值＋1SD）之间。

（4）中下：介于均值减1个标准差（均值－1SD）到均值之间。

（5）中低：介于均值减1个标准差（均值－1SD）到均值减2个标准差（均值－2SD）之间。

（6）低：小于均值减2个标准差（均值 – 2SD）。

这种划分方法有助于医生和家长了解儿童的生长发育情况，判断其是否处于正常范围，或者是否存在生长发育迟缓或过快的现象。通过这种标准化的评估方法，可以及时发现儿童的生长发育问题，并采取相应的干预措施。

0~3岁男童年龄别身高、体重参考值如表6-1所示。

表6-1　0~3岁男童年龄别身高、体重参考值

年龄岁月	身高（cm）							体重（kg）						
	-3SD	-2SD	-1SD	SD	+1SD	+2SD	+3SD	-3SD	-2SD	-1SD	SD	+1SD	+2SD	+3SD
0	44.2	46.1	48.0	49.9	51.8	53.7	55.6	2.1	2.5	2.9	3.3	3.9	4.4	5.0
6	61.2	63.3	65.5	67.6	69.8	71.9	74.0	5.7	6.4	7.1	7.9	8.8	9.8	10.9
12	68.6	71.0	73.4	75.7	78.1	80.5	82.9	6.9	7.7	8.6	9.6	10.8	12.0	13.3
2.0	78.7	81.7	84.8	87.8	90.9	93.9	97.0	8.6	9.7	10.8	12.2	13.6	15.3	17.1
3.0	85.0	88.7	92.4	96.1	99.8	103.5	107.2	10.0	11.3	12.7	14.3	16.2	18.3	20.7

（世界卫生组织2006年标准）

二、三项评价法

三项指标综合评价法：按年龄的体重、按年龄的身高、按身高的体重三项指标，全面评价婴幼儿生长发育情况，尤其是营养状况。三项指标综合评价如表6-2所示。

表6-2　三项指标综合评价表

按年龄的体重	按年龄的身高	按身高的体重	评价
高	高	高	高个子，近期营养过度
高	高	中	高个子，体型匀称，营养正常
高	中	高	目前营养过剩
高	中	中	营养正常
高	低	高	肥胖 ++
中	高	低	瘦高体型，目前营养较差
中	中	中	营养正常
中	低	高	目前营养良好，既往营养不好
低	高	低	目前营养不良 ++
低	中	中	营养尚可
低	中	低	目前营养不良 +
低	低	低	既往和近期均营养不良

三、量表评估法

表6-3~表6-6分别为7岁以下男童身高评估表、7岁以下女童身高评估表、7岁以下男童体重评估表和7岁以下女童体重评估表。

表6-3　7岁以下男童身高评估表　　　　　　　　　　　　单位：cm

年龄	月龄	-3SD	-2SD	-1SD	SD	+1SD	+2SD	+3SD
出生	0	45.2	46.9	48.6	50.4	52.2	54.0	55.8
	1	48.7	50.7	52.7	54.8	56.9	59.0	61.2
	2	52.2	54.3	56.5	58.7	61.0	63.3	65.7
	3	55.3	57.5	59.7	62.0	64.3	66.6	69.0
	4	57.9	60.1	62.3	64.6	66.9	69.3	71.7
	5	59.9	62.1	64.4	66.7	69.1	71.5	73.9
	6	61.4	63.7	66.0	68.4	70.8	73.2	75.8
	7	62.7	65.0	67.4	69.8	72.3	74.8	77.4
	8	63.9	66.3	68.7	71.2	73.7	76.3	78.9
	9	65.2	67.6	70.1	72.6	75.2	77.8	80.5
	10	66.4	68.9	71.4	74.0	76.6	79.3	82.1
	11	67.5	70.1	72.7	75.3	78.0	80.8	83.6
1岁	12	68.6	71.2	73.8	76.5	79.3	82.1	85.0
	15	71.2	74.0	76.9	79.8	82.8	85.8	88.9
	18	73.6	76.6	79.6	82.7	85.8	89.1	92.4
	21	76.0	79.1	82.3	85.6	89.0	92.4	95.9
2岁	24	78.2	81.6	85.1	88.5	92.1	96.8	99.5
	27	80.5	83.9	87.5	91.1	94.8	98.6	102.5
	30	82.4	85.9	89.6	93.3	97.1	101.0	105.0
	33	84.4	88.0	91.6	95.4	99.3	103.2	107.2
3岁	36	86.3	90.0	93.7	97.5	101.4	105.3	109.4
	39	87.5	91.2	94.9	98.8	102.7	106.7	110.7
	42	89.3	93.0	96.7	100.6	104.5	108.6	112.7
	45	90.9	94.6	98.5	102.4	106.4	110.4	114.6
4岁	48	92.5	96.3	100.2	104.1	108.2	112.3	116.5
	51	94.0	97.9	101.9	105.9	110.0	114.2	118.5
	54	95.6	99.5	103.6	107.7	111.9	116.2	120.6
	57	97.1	101.1	105.3	109.5	113.8	118.2	122.6

续表

年龄	月龄	−3SD	−2SD	−1SD	SD	+1SD	+2SD	+3SD
5岁	60	98.7	102.8	107.0	111.3	115.7	120.1	124.7
	63	100.2	104.4	108.7	113.0	117.5	122.0	126.7
	66	101.6	105.9	110.2	114.7	119.2	123.8	128.6
	69	103.0	107.3	111.7	116.3	120.9	125.6	130.4
6岁	72	104.1	108.6	113.1	117.7	122.4	127.2	132.1
	75	105.3	109.8	114.4	119.2	124.0	128.8	133.8
	78	106.5	111.1	115.8	120.7	125.6	130.5	135.6
	81	107.9	112.6	117.4	122.3	127.3	132.4	137.6

表 6-4 7岁以下女童身高评估表　　　　　　　　单位：cm

年龄	月龄	−3SD	−2SD	−1SD	中位数	+1SD	+2SD	+3SD
出生	0	44.7	46.4	48.0	49.7	51.4	53.2	55.0
	1	47.9	49.8	51.7	53.7	55.7	57.8	59.9
	2	51.1	53.2	55.3	57.4	59.6	61.8	64.1
	3	54.2	56.3	58.4	60.6	62.8	65.1	67.5
	4	56.7	58.8	61.0	63.1	65.4	67.7	70.0
	5	58.6	60.8	62.9	65.2	67.4	69.8	72.1
	6	60.1	62.3	64.5	66.8	69.1	71.5	74.0
	7	61.3	63.6	65.9	68.2	70.6	73.1	75.6
	8	62.5	64.8	67.2	69.6	72.1	74.7	77.3
	9	63.7	66.1	68.5	71.0	73.6	76.2	78.9
	10	64.9	67.3	69.8	72.4	75.0	77.7	80.5
	11	66.1	68.6	71.1	73.7	76.4	79.2	82.0
1岁	12	67.2	69.7	72.3	75.0	77.7	80.5	83.4
	15	70.2	72.9	75.6	78.5	81.4	84.3	87.4
	18	72.8	75.6	78.5	81.5	84.6	87.7	91.0
	21	75.1	78.1	81.2	84.4	87.7	91.1	94.5
2岁	24	77.3	80.5	83.8	87.2	90.7	94.3	98.0
	27	79.3	82.7	86.2	89.8	93.5	97.3	101.2
	30	81.4	84.8	88.4	92.1	95.9	99.8	103.8
	33	83.4	86.9	90.5	94.3	98.1	102.0	106.1
3岁	36	85.4	88.9	92.5	96.3	100.1	104.1	108.1
	39	86.6	90.1	93.8	97.5	101.4	105.4	109.4
	42	88.4	91.9	95.6	99.4	103.3	107.2	111.3
	45	90.1	93.7	97.4	101.2	105.1	109.2	113.3

续表

年龄	月龄	-3SD	-2SD	-1SD	中位数	+1SD	+2SD	+3SD
4岁	48	91.7	95.4	99.2	103.1	107.0	111.1	115.3
	51	93.2	97.0	100.9	104.9	109.0	113.1	117.4
	54	94.8	98.7	102.7	106.7	110.9	115.2	119.5
	57	96.4	100.3	104.4	108.5	112.8	117.1	121.6
5岁	60	97.8	101.8	106.0	110.2	114.5	118.9	123.4
	63	99.3	103.4	107.6	111.9	116.2	120.7	125.3
	66	100.7	104.9	109.2	113.5	118.0	122.6	127.2
	69	102.0	106.3	110.7	115.2	119.7	124.4	129.1
6岁	72	103.2	107.6	112.0	116.6	121.2	126.0	130.8
	75	104.4	108.8	113.4	118.0	122.7	127.6	132.5
	78	105.5	110.1	114.7	119.4	124.3	129.2	134.2
	81	106.7	111.4	116.1	121.0	125.9	130.9	136.1

表 6-5　7 岁以下男童体重评估表　　　　　　　　　　　　　　　　　　　　　　单位：kg

年龄	月龄	-3SD	-2SD	-1SD	中位数	+1SD	+2SD	+3SD
出生	0	2.26	2.58	2.93	3.32	3.73	4.18	4.66
	1	3.09	3.52	3.99	4.51	5.07	5.67	6.33
	2	3.94	4.47	5.05	5.68	6.38	7.14	7.97
	3	4.69	5.29	5.97	6.70	7.51	8.40	9.37
	4	5.25	5.91	6.64	7.45	8.34	9.32	10.39
	5	5.66	6.36	7.14	8.00	8.95	9.99	11.15
	6	5.97	6.70	7.51	8.41	9.41	10.50	11.72
	7	6.24	6.99	7.83	8.76	9.79	10.93	12.20
	8	6.46	7.23	8.09	9.05	10.11	11.29	12.60
	9	6.67	7.46	8.35	9.33	10.42	11.64	12.99
	10	6.86	7.67	8.58	9.58	10.71	11.95	13.34
	11	7.04	7.87	8.80	9.83	10.98	12.26	13.68
1岁	12	7.21	8.06	9.00	10.05	11.23	12.54	14.00
	15	7.68	8.57	9.57	10.68	11.93	13.32	14.88
	18	8.13	9.07	10.12	11.29	12.61	14.09	15.75
	21	8.61	9.59	10.69	11.93	13.33	14.09	16.66

续表

年龄	月龄	−3SD	−2SD	−1SD	中位数	+1SD	+2SD	+3SD
2岁	24	9.06	10.09	11.24	12.54	14.01	15.67	17.54
	27	9.47	10.54	11.75	13.11	14.64	16.38	18.36
	30	9.86	10.97	12.22	13.64	15.24	17.06	19.13
	33	10.24	11.39	12.68	14.15	15.82	17.72	19.89
3岁	36	10.61	11.79	13.13	14.65	16.39	18.37	20.64
	39	10.97	12.19	13.57	15.15	16.95	19.02	21.39
	42	11.31	12.57	14.00	15.63	17.50	19.65	22.13
	45	11.66	12.96	14.44	16.13	18.07	20.32	22.91
4岁	48	12.01	13.35	14.88	16.64	18.67	21.01	23.73
	51	12.37	13.76	15.35	17.18	19.30	21.76	24.63
	54	12.74	14.18	15.84	17.75	19.98	22.57	25.61
	57	13.12	14.61	16.34	18.35	20.69	23.43	26.68
5岁	60	13.50	15.06	16.87	18.98	21.46	24.38	27.85
	63	13.86	15.48	17.38	19.60	22.21	25.32	29.04
	66	14.18	15.87	17.85	20.18	22.94	26.24	30.22
	69	14.48	16.24	18.31	20.75	23.66	27.17	31.43
6岁	72	14.74	16.56	18.71	21.26	24.32	28.03	32.57
	75	15.01	16.90	19.14	21.82	25.06	29.01	33.89
	78	15.30	17.27	19.62	22.45	25.89	30.13	35.41
	81	15.66	17.73	20.22	23.24	26.95	31.56	37.39

表 6-6　7岁以下女童体重评估表　　　　　　　单位：kg

年龄	月龄	−3SD	−2SD	−1SD	中位数	+1SD	+2SD	+3SD
出生	0	2.26	2.54	2.85	3.21	3.63	4.10	4.65
	1	2.98	3.33	3.74	4.20	4.74	5.35	6.05
	2	3.72	4.15	4.65	5.21	5.86	6.6	7.46
	3	4.40	4.90	5.47	6.13	6.87	7.73	8.71
	4	4.93	5.48	6.11	6.83	7.65	8.59	9.66
	5	5.33	5.92	6.59	7.36	8.23	9.23	10.38
	6	5.64	6.26	6.96	7.77	8.68	9.73	10.93
	7	5.90	6.55	7.28	8.11	9.06	10.15	11.40
	8	6.13	6.79	7.55	8.41	9.39	10.51	11.80
	9	6.34	7.03	7.81	8.69	9.70	10.86	12.18
	10	6.53	7.23	8.03	8.94	9.98	11.16	12.52
	11	6.71	7.43	8.25	9.18	10.24	11.46	12.85

续表

年龄	月龄	−3SD	−2SD	−1SD	中位数	+1SD	+2SD	+3SD
1岁	12	6.87	7.61	8.45	9.40	10.48	11.73	13.15
	15	7.34	8.12	9.01	10.02	11.18	12.50	14.02
	18	7.79	8.63	9.57	10.65	11.88	13.29	14.90
	21	8.26	9.15	10.15	11.30	12.61	14.12	15.85
2岁	24	8.70	9.64	10.70	11.92	13.31	14.92	16.77
	27	9.10	10.09	11.21	12.50	13.97	15.67	17.63
	30	9.48	10.52	11.70	13.05	14.60	16.39	18.47
	33	9.86	10.94	12.18	13.59	15.22	17.11	19.29
3岁	36	10.23	11.36	12.65	14.13	15.83	17.81	20.10
	39	10.60	11.77	13.11	14.65	16.43	18.50	20.90
	42	10.95	12.16	13.55	15.16	17.01	19.17	21.69
	45	11.29	12.55	14.00	15.67	17.60	19.85	22.49
4岁	48	11.62	12.93	14.44	16.17	18.19	20.54	23.30
	51	11.96	13.32	14.88	16.69	18.79	21.25	24.14
	54	12.30	13.71	15.33	17.22	19.42	22.00	25.04
	57	12.62	14.08	15.78	17.75	20.05	22.75	25.96
5岁	60	12.93	14.44	16.20	18.26	20.66	23.50	26.87
	63	13.23	14.80	16.64	18.78	21.30	24.28	27.84
	66	13.54	15.18	17.09	19.33	21.98	25.12	28.89
	69	13.84	15.54	17.53	19.88	22.65	25.96	29.95
6岁	72	14.11	15.87	17.94	20.37	23.27	26.74	30.94
	75	14.38	16.21	18.35	20.89	23.92	27.57	32.00
	78	14.66	16.55	18.78	21.44	24.61	28.46	33.14
	81	14.96	16.92	19.25	22.03	25.37	29.42	34.40

任务实施

一、任务准备

（1）物品准备：7岁以下男童身高体重评估表、签字笔1支、记录本1本。用物准备齐全，摆放有序。

（2）照护者准备：着装整齐、得体，修剪好指甲，用七步洗手法洗净双手。

（3）环境准备：周围环境整洁、明亮、安全、温湿度适宜。

二、任务计划

预期目标：正确评估幼儿身高体重。

三、任务实操

首先用七步洗手法清洗双手。

根据婴幼儿体格测量的方法进行准确测量后，在评估表上记录身高、体重数值："宝宝，男，2岁，身高78.3 cm，体重9.1 kg。"根据7岁以下男童身高体重评估表，对宝宝的生长发育和营养状况做出评价如下：

身高78.3 cm，相对于标准体重的88.5 cm严重偏低，应合理膳食，加强体育锻炼；

体重9.1 kg，相对于标准体重的12.54 kg严重偏低，应合理膳食，加强体育锻炼。

导致宝宝身高体重严重偏低的原因可能有遗传、营养、睡眠、锻炼、疾病等多种因素，建议家长到医院做进一步的科学测评。

最后，在工作记录本上做好评估记录。

任务评价

请根据学生任务完成情况填写任务评价表（假定测量对象为7岁以下男童）。

考核内容		分值	评分标准	得分
双手清洗		30分	清洗步骤及方法正确	
体格评估	身高评估	10分	根据幼儿的实际情况，按照7岁以下男童身高体重评估表，正确评估幼儿身高	
	体重评估	10分	根据幼儿的实际情况，按照7岁以下男童身高体重评估表，正确评估幼儿体重	
	整体评估	10分	能根据身高体重正确全面评估幼儿生长发育情况，尤其是营养状况	
	整理	10分	操作结束后清洁、整理物品得当	
卫生意识		10分	卫生习惯良好，操作区域整洁干净，废弃物处理得当	
职业素质		10分	发型、着装整齐且适合操作，操作情境性强，精神状态佳	
自选物品		10分	自选物品满足操作需要，符合幼儿年龄特点与安全卫生规范	

续表

考核内容	分值	评分标准	得分
评分分档	80~100 分	准备充分，照护方法合理正确，操作流程规范有序，动作熟练流畅，亲和力好，情感交流丰富	
	60~80 分	准备较充分，照护方法较合理，操作流程较规范，动作较熟练流畅，亲和力较好，情感交流较少	
	40~60 分	准备欠充分，照护方法欠合理，操作流程欠规范，动作欠熟练流畅，亲和力欠佳，情感交流欠缺	
	0~40 分	该项未完成	

拓展延伸

影响儿童生长发育的因素

（1）遗传。遗传因素对小儿的生长发育有一定影响，如父母身材的高矮、皮肤的颜色、毛发的多少以及形态等，对子女都有一定程度的影响。

（2）精神因素。专家认为得不到抚爱的儿童，由于体内分泌的生长激素比较少，故他们的平均身高可能低于同龄儿童。

（3）营养。营养对生长发育至关重要。婴幼儿期需要合理的饮食结构，否则不但影响正常发育，而且会影响日后的智能。

（4）睡眠。儿童入睡后，脑垂体的前叶会分泌出一种生长激素。若睡眠不足，生长激素的分泌就可能受阻，形成精神性侏儒症。

（5）锻炼。利用自然条件进行体格锻炼，对增强儿童体质、提高发育水平和降低发病率有很大作用。日光、空气、水能促进新陈代谢、消化、吸收和血液循环，有利于生长发育。

（6）疾病。长期消化功能紊乱、反复呼吸道感染、内分泌系统疾病以及大脑发育不全等，对小儿生长发育都有直接影响。

（7）环境和气候。人体学研究已经证明，秋季长重，春季长高。从地区来看，热带发育较早，寒带生长迅速。此外，合理的生活制度、清新的空气、没有噪声和污染的环境，均有利于小儿体格和精神的发育。

项目七
婴幼儿体温测量及异常处理

学习目标

知识目标

（1）掌握常见体温计的测量方法。
（2）掌握婴幼儿正常体温和异常体温的范围。
（3）掌握婴幼儿体温异常的表现。

能力目标

（1）能正确使用常见体温计。
（2）能正确完成婴幼儿体温测量。
（3）能对高热婴幼儿进行正确的物理降温处理。
（4）能正确护理体温异常的婴幼儿。

素质目标

（1）具有观察婴幼儿体温异常情况的敏锐性和洞察力。
（2）具有科学处理婴幼儿体温异常问题的能力。
（3）具有协同指导家长护理体温异常婴幼儿的沟通能力。

任务一　体温测量

> **案例导入**
>
> 春夏交接的季节，幼儿园里请假的小朋友越来越多，许多小朋友都感冒了。早检时，王老师发现3岁的通通精神萎靡，不愿意活动。
>
> **任务**：作为照护者，请给通通正确测量体温。

> **知识准备**

一、婴幼儿体温的特点

发热是婴幼儿生病时最常出现的症状，也常常是让照护者发现婴幼儿生病的最早线索，因此学会测量婴幼儿的体温非常重要。总体来说，婴幼儿体温略高于成人；新生儿，特别是早产儿，体温调节功能尚未发育完善，易受气候变化等外界环境的影响，穿太多易发热，而穿太少易发生低温现象；婴幼儿活动量大、代谢旺盛，运动和进食都会使体温升高，因此给婴幼儿测体温应在运动、进食半小时后进行。

二、体温计的类型

体温计有如下四种类型（图7-1）。

（1）水银体温计。水银体温计是最常用、最普通的体温计，根据测量部位，分为口表、腋表、肛表。口表即用于测量口腔温度的体温计，腋表即用于测量腋下温度的体温计，肛表即用于测量肛门温度的体温计。水银体温计分为玻璃球和玻璃管两部分，球部装有水银，口表球部较细长，腋表球部较长而扁，肛表球部较圆钝。

（2）电子体温计。电子体温计通过电子探头测量体温，可直接显示体温数字。特点是读数直观，灵敏度高。

（3）耳温枪。耳温枪采用最新红外线技术，快速精准，可1秒测出体温，且无使用次数限制，可连续测量宝宝体温。居家实用，小巧方便易携带，特别适合家庭、医院等场合使用。

（4）额温枪。额温枪是专为针对量测人体额温而设计的，使用非常简单、方便，1秒可测温，无镭射点，免除对眼睛的潜在伤害，不需要接触人体皮肤，可避免交叉感染。

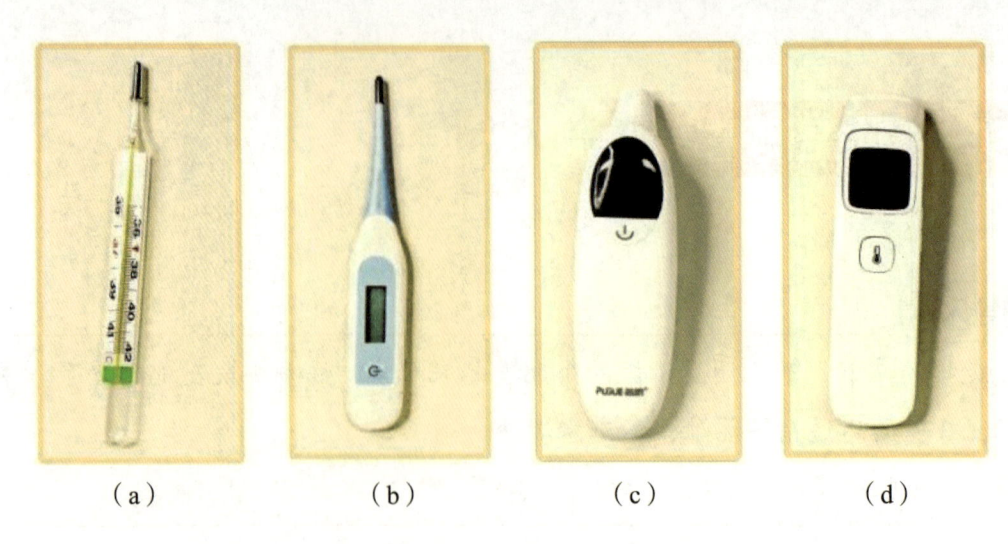

图 7-1 体温计类型
（a）水银体温计；（b）电子体温计；（c）耳温枪；（d）额温枪

三、用水银体温计测量体温的方法

大多数情况下测量腋温，因为测腋温方便、安全，只有在婴幼儿体温低时才测肛温。

1. 测腋温

先甩体温计，使水银柱低于 35℃ 的刻度。将婴幼儿抱在怀里或让婴幼儿坐在操作者腿上，擦干腋下汗液，将体温计球部放于腋窝紧贴皮肤，屈臂过胸，协助其夹紧体温计。持续 10 分钟后，取出体温计，读数。

2. 测肛温

测肛温一般适用于婴儿期。将肛表前端用润滑剂（如婴儿油）润滑，将水银柱甩至 35℃ 的刻度以下。让婴儿仰卧于床上，操作者一只手抓住婴儿两踝并向前上方稍提起，暴露肛门；另一只手将肛表以旋转式缓缓插入肛门 3~4 厘米（插入时勿用力，以免损伤肛门或直肠黏膜）。一只手放松上提的双足，但依然抓住双踝，以免婴儿活动使肛表脱出；另一手扶住肛表，持续 3 分钟后取出，用纱布或棉花擦净肛表，读数。使用后的体温计先用清水清洗，再用 75% 酒精棉球擦拭备用。

3. 注意事项

（1）应在吃饭、喝水、运动后休息半小时再测体温。

（2）婴幼儿哭闹时应设法让其停止啼哭，保证在安静状态下测体温。

（3）试表前要检查体温计有无破损，甩表时不能触及硬物，否则容易破碎。

（4）试表前，检查水银柱是否已甩至 35℃ 的刻度以下。

（5）取出体温计，转动至可见到一条粗线为止，读取水银柱所指数字。

（6）体温计使用完毕，应用酒精棉擦拭备用。

（7）婴幼儿不宜测量口温，以免咬破体温计。

（8）患有腹泻、心脏病者不宜测肛温。

（9）腋下有创伤、皮肤溃疡、炎症或肩关节受伤时，不宜测腋温。

任务实施

一、任务准备

（1）物品准备：物品柜、椅子1把、仿真幼儿模型、水银体温计1支、治疗盘1个、弯盘1个、浸有消毒液的纱布、干燥体温计盒、装有消毒液的体温计盒、纸巾、记录笔1支、幼儿体温登记表。

（2）物品摆放整齐，仿真幼儿模型完好无损，温度计指示刻度清晰。

（3）照护者准备：着装整齐，洗手。

（4）环境准备：整洁，光线充足。

二、任务计划

预期目标：正确使用体温计测量体温，能正确读数。

三、任务实操

1. 体温测量前的准备

（1）检查体温计的完好程度，重点检查水银柱指示刻度。

（2）评估幼儿的状态是否适合测量。

（3）准备好水银温度计，选择测量部位。

2. 体温测量

（1）根据所使用的体温计，协助幼儿取适当体位。

（2）对测量部位进行相应处理。

（3）将体温计刻度甩至35℃以下。

（4）口述测量时间：腋窝测温一般为10分钟，口腔、直肠测温一般为3分钟。

3. 体温测量后的处理

（1）用浸有消毒液的纱布擦拭体温计，正确读取体温计度数，将体温计水银柱甩至35℃的刻度以下，并做好记录。

（2）注意幼儿安全，及时协助幼儿穿好衣服。

（3）合理进行体温计的消毒：放入盛有消毒液的容器中，30分钟后取出，冲净，擦干，放入清洁干燥容器中备用。

（4）整理用物，安抚幼儿，洗手（用七步洗手法）。

▶ 任务评价

请根据学生任务完成情况填写任务评价表。

考核内容		考核点	分值	评分要求	得分
准备	照护者	着装整齐，修剪指甲，洗手	5	不规范扣2分	
	环境	整洁、明亮	5	不规范扣3分	
	物品	摆放整齐	5	不规范扣5分	
		体温计等物品完好无损	10	少1个扣2分	
计划	预期目标	正确测量体温	5	不正确扣1~5分	
实施	测量体温前的准备	检查温度计	8	未检查扣8分	
		对测量部位进行处理	10	未处理或处理错扣10分	
		使体温计刻度降至35℃以下	10	方法错误或处理错误扣10分	
		口述测量时间	5	时间错误扣5分	
	测量体温后的处理	读取体温计度数并记录	5	读数错误或未记录扣5分	
		协助幼儿穿好衣服	5	未协助扣5分	
		做好体温计的消毒	5	未消毒扣5分	
其他		体温测量方法正确	12	每处错误扣3分	
		幼儿安全、受到关爱和保护	10	危及幼儿安全扣10分	
总分			100		

> **拓展延伸**

孩子发烧的常见问题

量体温常用三个部位，即口腔、腋窝及肛门。正常体温在肛门处为 36.5~37.5℃，在口腔处为 36.2~37.3℃，在腋窝处为 35.9~37.2℃。超过正常范围 0.5℃ 以上时，称为发热。不超过 38℃ 称为低热，超过 39℃ 为高热。

婴幼儿因体温调节中枢功能不稳定，新陈代谢较旺盛，体温较成年人稍高。一天中的体温也有波动，安静时体温较低，活动时体温较高，清晨 2~6 时体温最低，下午 2~8 时体温最高，波动幅度约为 0.6℃。

体温"低"其实也正常，但前提是稳定。婴幼儿体温受机体内外各种因素影响，时时会自我调节，但一定要注意保暖，以免感冒发烧。

当孩子发烧但体温低于 38.5℃ 时，可以不用退热药，最好是多喝温开水，同时密切注意病情变化，或者应用物理降温方法；若体温超过 38.5℃，可以服用退热药，目前常用的退热药有扑热息痛、小儿泰诺林、美林等，但是最好在儿科医生的指导下使用。

任务二 体温异常处理

> **案例导入**

今天早晨萌萌妈妈送两岁的萌萌到幼儿园的时候，告诉幼儿园的金老师萌萌昨晚发热了，有点咳嗽，精神状态不太好，请金老师注意一下萌萌的发热情况，让萌萌多喝水，并将昨晚医生开的感冒药交给了金老师。

任务： 作为照护者，用温水擦浴帮萌萌退热。

> **知识准备**

一、发热定义

正常人的体温受体温调节中枢调控，并通过神经、体液等使产热和散热过程处于动态平衡，使体温保持在相对恒定的范围内。

发热是指致热源直接作用于体温调节中枢、体温中枢功能紊乱或其他各种原因引起产热过多、散热减少，导致体温升高、超过正常范围的情形。

二、发热评估

正常婴幼儿的基础体温为36.9~37.5℃。当体温超过基础体温1℃以上时，可认为是发热。其中，低热是指体温波动在38℃左右，高热时体温在39℃以上。连续发热两个星期以上，称为长期发热。

婴幼儿大脑内控制体温调节的中枢发育尚未成熟，控制体温的能力不够强，因此婴幼儿的体温容易受到环境温度的影响。炎热天气下或包裹过多时，体温会轻度升高，但不应超过37.5℃；寒冷天气下或在温度较低的空调房间内，体温可降至36℃或更低。

婴儿在七八个月大的时候，从母体中带来的免疫力逐渐散去，抵抗力下降，出现一两次发热是正常现象。从某种角度说，发烧并不是一件坏事，有专家认为发烧可以增强免疫力。所以家长不要因为孩子发烧而太着急，只要控制孩子的体温不过高、引起高热惊厥，就不会有大问题。

三、婴幼儿发烧处置

（1）一般情况下，婴幼儿发烧在38.5℃以下，选用物理降温措施；38.5℃以上应采用药物退热措施。物理降温：温水擦浴，用毛巾蘸上温水（水温不烫手为宜）在颈部、腋窝、大腿根部擦拭5~10分钟。亦可用市售的"退热贴"（或家用冰袋）贴在前额部以帮散热降温。药物降温：以上措施不明显时，可口服退热药。

（2）多饮水，吃流质饮食，如西瓜汁等，以保证机体有足够的能量及水分。

（3）多通风，注意散热，衣着宽大，忌用棉被包裹。夏天可使用空调，室温控制在27℃左右，注意定时开窗通风，使房间空气对流。

（4）多睡觉，充足的睡眠益于恢复健康。用药过程中，家长要注意给婴幼儿服用一类退烧药时间不要太长，发烧超过两天最好换用另一类药。服药一天不能超过4次，每次间隔最少4小时。美林、泰诺林退高烧效果比较好。如果婴幼儿发烧达38.5℃以上，用美林退热比较快；如果在38~38.5℃，用泰诺林比较好。如果是低烧，这两种都不要用，用一般的退烧药就可以，如氨酚黄那敏等小儿感冒药也有退热效果。

四、退热方法

婴幼儿发烧如何退烧呢？婴幼儿体温中枢发育尚未完善，遭遇呼吸道感染、过敏、接种反应等都会出现体温升高的情况。那么当婴幼儿发烧或高热不退时，照护者该采取什么措施帮助婴幼儿降低体温呢？

1. 温水洗澡

洗澡能帮助散热。如果婴幼儿发烧时精神状态较好，可以多洗澡，水温控制在27~37℃。注意不要给婴幼儿洗热水澡，否则易引起全身血管扩张、增加耗氧，导致缺血缺氧，加重病情。

2. 热水泡脚

泡脚可以促进血液循环，缓解不适。婴幼儿发烧时泡脚的另一妙处在于能帮助降温。可以用足盆或小桶，装三分之二的水，水温在40℃左右，以婴幼儿能适应为准。泡脚时抚搓婴幼儿的两脚，既能使血管扩张，又能减轻发烧带来的不适感。

3. 冰袋冷敷

可以去商店购买化学冰袋，放入冰箱冷冻，由凝胶状态变成固体后取出，包上毛巾，敷在婴幼儿头顶、前额、颈部、腋下、腹股沟等处，可以反复使用。也可以自制冰袋：用一次性医用硅胶手套装水后打结，放入冷冻柜，冻成固体后取用。如果觉得冰块太冰，可以在半冰半水的状态时就取出，包上毛巾给婴幼儿冷敷。

4. 冰枕

婴幼儿高烧时，可以做个冰枕让其枕着，既舒服，降温效果又好。购买冰袋（注意不是热水袋），把冰块倒入盆里，敲成小块，用水冲去棱角，装入冰袋，加入50~100毫升水，不要装满，装到三分之二就可以。排净空气，夹紧袋口，包上布或毛巾，放在婴幼儿头颈下当枕头。待冰块融化可重新更换，婴幼儿的体温会很快降下来。

▶ 任务实施

一、任务准备

（1）物品准备：水盆装32~34℃的水，水量在三分之二满，此外还有仿真幼儿模型、小毛巾、大毛巾、热水袋、冰袋、体温计等。

（2）照护者准备：修剪好指甲，用七步洗手法洗净双手。

（3）环境准备：室内环境整洁，空气清新，安静安全，关好门窗，室温控制在22~26℃。

二、任务计划

预期目标：幼儿发热得到初步控制。

三、任务实操

1. 测体温

铺上大毛巾，给幼儿测体温。把体温计水银柱甩到35℃的刻度以下，打开幼儿的衣服，擦干腋窝处，把体温计夹在幼儿的腋下。"38.5℃，宝宝发烧了，你现在很难受吧？"

2. 温水擦浴（擦拭上半身）

将冰袋用小毛巾包起来放在幼儿头上，将热水袋放置在幼儿足底。"宝宝，先把衣服脱掉，老师给你擦完，你就会舒服一些了。"将小毛巾缠成手套状，先擦脖子，沿上臂外侧擦至手背，再擦前胸，经腋窝沿上臂内侧擦至手心，然后用大毛巾擦干皮肤。用同样的方法擦拭另一侧上肢，每侧各擦三分钟。"宝宝舒服吗？有没有感觉好一些呀？宝宝不要怕，老师在呢。"

"宝宝，侧卧好。"从脖子以下擦拭整个背部，擦拭三分钟，然后用大毛巾擦干皮肤。"宝宝，把上衣穿上吧。"

3. 温水擦浴（擦拭下半身）

脱下幼儿的裤子和纸尿裤，先用小毛巾的一面擦拭幼儿的臀部，内折，再用另一面擦拭，然后卷起来扔进污物桶。用小手绢遮盖会阴部，将小毛巾拧至半干，从髋部沿大腿外侧擦至脚背，从腹股沟沿大腿内侧擦至脚踝，从臀部经腘窝擦至脚跟。用大毛巾擦干，换另一侧下肢，每侧擦拭三分钟。

用三角提脚法给幼儿穿上纸尿裤，用食指将防侧漏的边拉平，调整至松紧适度。接下来给幼儿穿好裤子，提好裤腰，整理好。

4. 安置幼儿

撤去大毛巾、热水袋，给幼儿盖好被子，整理好床铺，拉好床栏，保证幼儿的安全。半小时后测温并记录，如体温降至38.5℃以下，可将幼儿头部的冰袋取下，让幼儿休息。

5. 体温计消毒

将使用后的体温计用清水冲洗干净，甩到水银柱降至35℃的刻度以下，用75%酒精浸泡半小时后，用纱布擦干净即可。

最后整理好用物，洗净双手，记录幼儿的情况。

任务评价

请根据学生任务完成情况填写任务评价表。

考核内容		考核点	分值	评分要求	得分
准备	照护者	着装整齐	5	不规范扣 5 分	
	环境	整洁、安静、安全，室温在 22~26℃	5	未评估扣 5 分，不完整扣 1 分	
	物品	用物齐全	5	少 1 项扣 1 分	
	幼儿	评估幼儿年龄及合作状况	5	未评估扣 5 分，不完整扣 1 分	
计划	预期目标	口述：婴幼儿发热得到初步控制	5	未口述扣 5 分，口述不完整扣 1 分	
实施	测体温	铺上大毛巾	2	操作不规范扣 2 分	
		将体温计水银柱甩到 35℃ 的刻度以下	4	操作不当扣 4 分	
		解开幼儿衣服	2	操作不正确扣 2 分	
		擦干幼儿的腋窝处	4	未擦干扣 4 分	
		将体温计夹在幼儿腋下	5	操作不当扣 5 分	
		读数	3	读数不正确扣 3 分	
	温水擦拭上半身	用小毛巾包起冰袋放在幼儿头上	2	操作不正确扣 2 分	
		将热水袋放置在幼儿足底	2	未放热水袋扣 2 分	
		擦拭幼儿的整个背部	5	操作不正确扣 5 分	
		擦脖子，沿上臂外侧擦至手背	4	未按流程擦拭扣 4 分	
		擦拭另一侧上肢	3	操作不正确扣 3 分	
		用大毛巾擦干，穿衣	3	未擦干穿衣扣 3 分	

续表

考核内容		考核点	分值	评分要求	得分
实施	温水擦拭下半身	脱掉幼儿的裤子和纸尿裤	2	操作不正确扣2分	
		从髋部沿大腿外侧擦至脚背，从腹股沟沿大腿内侧擦至脚踝，从臀部经腘窝擦至脚跟	10	未按流程操作扣10分	
		用大毛巾擦干	2	未擦干扣2分	
		为幼儿穿好纸尿裤	3	操作不规范扣3分	
		为幼儿穿好裤子	2	操作不规范扣2分	
	整理记录	整理用物，安抚幼儿	2	未整理扣2分	
	其他	操作规范，动作熟练	5	操作不规范扣5分	
		态度温和，有安全防范和保暖意识	5	态度不温和扣5分	
		体温测量结果正确	5	体温测量不正确扣5分	
总分			100		

> **拓展延伸**

婴幼儿水浴的方法

一、温水浴

温水浴适用于新生儿及婴儿，脐带脱落后即可进行。室温应保持在24~26℃，水温应保持在35~37℃，时间约10分钟，对于较大的婴儿，水温可稍低些。浸浴的方式是用一个大盆盛水，让婴儿半卧于盆中，颈部以下身体全部浸入水中。浸浴完毕，立即用大毛巾包裹好并擦干，以婴儿皮肤轻度发红为宜。可每天进行一次。

二、冷水擦浴

冷水擦浴适用于6个月以上婴幼儿，体弱儿也适用。室温应在20℃以上，刚开始可用35℃左右的水擦浴，以后水温可每隔2~3天下降1℃，直至26℃左右。选择吸水性好的毛巾，浸入水中后拧成半干，擦拭婴幼儿全身皮肤，按上肢—胸—腹—侧身—背—下肢的顺序，摩擦至皮肤微红，完毕后用干毛巾擦干。

三、冷水淋浴

冷水淋浴适用于 2 岁以上幼儿，室温应保持在 20℃以上，水温应控制在 33~35℃，以后每隔 2~3 天降低 1℃，逐渐降至 26~28℃。可用冷水冲淋全身，按上肢—胸背—下肢的顺序，但不要冲淋头部。冲淋完毕后立即用干毛巾擦干，穿好衣服。

四、游泳

游泳可通过皮肤与水的接触，促进婴幼儿视觉、听觉、触觉、动觉等感官功能的发展，以及脑神经和骨骼的发育，有助于增进食欲、增加肺活量、提高抗病能力、改善睡眠、减少哭闹、促进亲子情感交流。

适宜游泳的婴幼儿：足月正常分娩的剖宫产儿、顺产儿（0~12 个月），32~36 周分娩的早产儿，低体重儿（体重在 2000~2500 g，住院期间无须特殊处理者）。

不适宜游泳的婴幼儿：患有疾病、需接受治疗者；小于 32 周的早产儿。

项目八 消毒与保健

学习目标

知识目标

（1）掌握常见消毒方法。
（2）掌握婴幼儿预防性消毒的相关知识。
（3）掌握正确配比84消毒液的原则。

能力目标

（1）能正确配比84消毒液。
（2）能落实配比过程的注意事项。

素质目标

（1）具有预防传染病的敏锐性和洞察力。
（2）具有科学实施消毒与婴幼儿保健的能力。
（3）具有高度的职业责任心、耐心和爱心。

任务一　常用消毒方法

案例导入

预防性消毒即注意平时的环境卫生，例如在托幼机构中，午餐前需要对餐桌进行消毒。

任务： 作为照护者，学会配比84消毒液。

知识准备

幼儿园的清洁消毒工作是减少幼儿疾病发生和防止传染病传播的有效措施，是保证幼儿在整洁、舒适、安全的环境中愉快地参加各种活动的必要条件，是有效地促进幼儿健康成长的重要工作内容之一。幼儿每天的大部分时间都是在幼儿园中度过的，做好活动室、睡眠室、盥洗室和幼儿物品的清洁卫生、消毒工作是保育老师每天的重要任务之一。消毒对预防疾病的发生和传播十分重要。由于家庭环境、居室空气、床铺衣物、日常餐具等各不相同，季节变化所导致的传染病种类也有所不同，所用消毒方法也有差异。

家用物品消毒剂以84消毒液最为简便、有效。使用时将84消毒液和水按照1∶20的比例进行配比，可以用来消毒患者的衣服、餐具、用具以及护理者手部等。皮肤消毒还可以用浓度为75%的酒精、碘伏等。目前市场上皮肤消毒用品很多，最好到药店或医院购买，使用时要仔细阅读说明书。

一、洗涤消毒

使用清水进行清洗，可清除吸附在物体表面的细菌、尘埃和污物。如果是病人的衣物用具，则需根据情况加入适当的药物，以加强消毒效果，如用0.1%的过氧乙酸或1%~2%的漂白粉澄清液浸泡30~60分钟，再用清水冲洗干净。

二、蒸煮消毒

蒸煮能使细菌体内的蛋白质凝固变性，大多数病原体经过15~30分钟的蒸煮均可死亡。此法同样适用于能浸泡的物品，如衣被、金属、玻璃制品、儿童玩具等。消毒时间应从水沸后开始计算，要消毒的器物须完全浸泡在水中。在高原地区因大气压力较低，要延长蒸煮时间。

三、擦拭消毒

擦拭消毒主要用于家庭中门窗、地板、大件家具以及一些不能蒸煮的用具。擦拭须使用消毒剂，如10%~20%漂白粉乳液、3%~5%的来苏尔溶液或苯酚液等。但需要注意的是，金属制品，如钢门窗等最好不用漂白粉液，以防漂白粉中的成分与金属接触时会产生化学反应，导致金属褪色或腐蚀。另外，在使用具有强烈腐蚀性的苯酚浓溶液时，应特别小心，以防溅到皮肤或眼睛上，造成意外伤害。

四、熏蒸及其他消毒方法

熏蒸主要用于室内空气消毒。可将干燥的中药，如苍术、艾叶、青蒿、菖蒲、贯众等捣碎，按每平方米30~50 g的用量，点燃后进行烟熏消毒，密闭房间熏蒸4~6小时即可达到消毒目的。

焚烧是最彻底的一种消毒方法，仅适用于病人的丢弃物和衣物，如便纸、擦嘴纸等。焚烧时人必须站立在上风口，焚烧后的灰烬要及时清除。

撒药消毒适用于病人的排泄物、剩余食物、住房及厕所等，常用药物是生石灰和漂白粉。如果居室潮湿，可将生石灰干粉撒于墙角、床底或阴湿处，既吸湿又消毒，两全其美。可按1∶5的比例将漂白粉干粉撒在排泄物上。需要注意的是，排泄物经撒药消毒后还要深埋，不能随意乱扔。

任务实施

一、任务准备

（1）物品准备：84消毒液原液、大小号量杯、清水、水桶、消毒液专用桶、口罩、手套、记号笔、搅拌棒、针管。用物准备齐全，摆放有序。

（2）照护者准备：着装整齐、得体，修剪好指甲，摘掉佩戴的饰品，并用七步洗手法洗净双手。

（3）环境准备：周围环境整洁、明亮、安全、温湿度适宜。

二、任务计划

预期目标：用正确的方法配比84消毒液。

三、任务实操

1. 计算用量

根据所需量和比例，准确计算出所需消毒液原液和水的量，如配置6升的1∶100的84

消毒液，需要 5940 毫升的水和 60 毫升的 84 消毒液原液。

2. 配比消毒液

消毒工作应在幼儿离园后进行，消毒液要现配现用。戴好手套，首先用大号的量杯取 3000 毫升的水倒入桶内，再用中号的量杯取 2900 毫升的水倒入桶内，最后用小号的量杯取 40 毫升的水倒入桶内，这样就配好了 5940 毫升的水。用记号笔在水面所达到的位置做记号，以便下次直接倒入等量的水。

将 60 毫升消毒液原液与倒好的水混合，用搅拌棒搅拌均匀后使用。

3. 后续整理

最后整理好用品，摘掉手套、口罩扔进垃圾桶，用七步洗手法洗净双手，并做好记录。

任务评价

请根据学生任务完成情况填写任务评价表。

考核内容		分值	评分标准	得分
双手清洗		30 分	清洗步骤及方法正确	
配比消毒液	配制	10 分	根据所提供的清水量，按照消毒液配制比例，正确配制消毒水	
	消毒	20 分	运用正确方法对物品进行消毒	
	整理	10 分	操作结束后清洁、整理物品得当	
卫生意识		10 分	卫生习惯良好，操作区域整洁干净，废弃物处理得当	
职业素质		10 分	发型、着装整齐且适合操作，操作情境性强，精神状态佳	
自选物品		10 分	自选物品满足操作需要，符合婴幼儿年龄特点与安全卫生规范	
评分分档		80~100 分	准备充分，照护方法合理正确，操作流程规范有序，动作熟练流畅，亲和力好，情感交流丰富	
		60~80 分	准备较充分，照护方法较合理，操作流程较规范，动作较熟练流畅，亲和力较好，情感交流较少	
		40~60 分	准备欠充分，照护方法欠合理，操作流程欠规范，动作欠熟练流畅，亲和力欠佳，情感交流欠缺	
		0~40 分	该项任务未完成	

> **拓展延伸**

幼儿园卫生消毒制度

一、室外环境

（1）活动场地：保持清洁、安全，每天一小扫、每周一大扫。

（2）绿化带：随时清除杂草、纸屑、落叶、果皮等杂物，定时浇水、修枝、松土。

（3）厕所：及时冲刷，做到清洁、无异味，每天上下午各消毒一次。

（4）周边环境：无乱堆放现象，及时清除杂物，做到每天一小扫、每周一大扫。

二、幼儿活动室及办公室

（1）地面：保持清洁，每天用消毒药品（84消毒液或消洗灵）喷洒、拖洗。

（2）门窗、桌椅、储物柜等：保持窗明几净，每天清洁并用消毒药品（84消毒液或消洗灵）擦洗。

（3）毛巾、口杯：毛巾每天清洁一次，并用消毒药品（84消毒液或消洗灵）浸泡消毒；口杯每周二、周四用蒸汽消毒一次。

（4）玩具：每周用消毒药品（84消毒液或消洗灵）浸泡消毒一次。

（5）幼儿用书：每周在阳光下暴晒一次。

三、午睡室

（1）床围栏、门窗等儿童接触密切的物品：每日用消毒药品（84消毒液或消洗灵）擦洗消毒。

（2）地面：保持清洁，每天用消毒药品（84消毒液或消洗灵）拖洗。

（3）空气：每日上午开窗透气，每周用紫外线消毒两次。

（4）被褥、床单：每天用紫外线照射30分钟，每2周换洗一次，每月在阳光下暴晒一次。

四、午餐室

桌椅、门窗、地面：每天用消毒药品（84消毒液或消洗灵）喷洒、擦洗消毒。

五、厨房

（1）保持清洁，物品摆放有序，每日用消毒药品（84消毒液或消洗灵）清洗灶台、储物台、水池、地面等。

（2）幼儿餐具每日用餐后洗净并消毒。消毒程序：一刮、二洗、三冲、四消毒、五保洁；消毒方法：放入消毒柜内消毒30分钟。

（3）餐具使用前必须消毒，炊具用后清洗干净、保持清洁。

任务二　日常消毒指导

案例导入

预防性消毒即应注意平时的环境卫生,在托幼机构中,午餐前需要对2张餐桌进行消毒,并伴随必要的语言描述。作为幼儿照护者,你将如何操作?

知识准备

一、消毒具体内容

(1)餐具消毒。一般用水煮沸15分钟或蒸20分钟,若是乙肝病人用过的则蒸煮均需延长至30分钟。对于塑料餐具与砧板等,需用75%酒精棉球擦拭。

(2)衣物消毒。凡属棉织品可用水煮沸20分钟或用0.1%过氧乙酸溶液浸泡60分钟,也可用2%~5%来苏尔溶液浸泡1~2小时,然后用清水洗净。对皮毛及丝织物,可用福尔马林溶液熏蒸,或放在日光下暴晒4~6小时。

(3)家具消毒。用3%来苏尔溶液、5%漂白粉溶液、0.5%新洁尔灭或0.2%过氧乙酸溶液擦洗。对金属制品、玻璃制品可用3%碘伏溶液揩擦消毒。

(4)墙壁地面消毒。用3%来苏尔溶液、1%漂白粉水溶液或0.2%过氧乙酸溶液喷洒拖擦。

(5)便器消毒。用1%漂白粉水溶液、3%碘伏或0.5%过氧乙酸溶液浸泡30~60分钟。

(6)空气消毒。因流感、白喉、流脑、肺结核等污染过的室内环境需要进行空气消毒。消毒时要关闭门窗,打开柜门、抽屉等,取食醋按每平方米约10毫升置容器内,放在炉上用文火慢慢煮沸约蒸发30分钟,也可用0.5%过氧乙酸溶液喷雾。

(7)手消毒:和病人接触过后,手也应消毒。可在0.1%~0.2%过氧乙酸溶液中浸泡3分钟,然后擦肥皂,用水冲洗干净。指甲剪使用后应用75%酒精擦拭消毒。

二、传染病患儿的排泄物处理

一般患儿的排泄物无特别需要消毒处理,但对有传染危险的黏液、粪便、掺血粪便,可以送医院化验一下,以决定是否要进行消毒处理,如有必要进行消毒的话,可以用20%的漂白粉倒入抽水马桶或公厕处理。用来擦呕吐物的物品或被粪便污染的用品，要焚烧处理或丢入患儿用的便器内与粪、尿一起消毒后倾倒掉。为慎重起见，对疑似传染病的患儿粪便及便器，也应按上述方法进行消毒。厕所门的拉手柄、水龙头等也要进行消毒，可以用3%的碘伏或用1%的含氯消毒液擦洗消毒。

任务实施

一、任务准备

（1）物品准备：口罩、手套、已配置好的消毒液、消毒专用桶、专用抹布、桌子、清水、水盆。

（2）照护者准备：着装整齐、得体，修剪好指甲，摘掉佩戴的饰品。

（3）环境准备：周围环境整洁、明亮、安全、温湿度适宜。

二、任务计划

预期目标：用适合比例的84消毒液对餐桌进行消毒。

三、任务实操

下面演示幼儿园开餐前如何对餐桌进行消毒。

1. 操作准备

戴好口罩、手套，操作前检查用物，84消毒液是否拧好，检查配比好的消毒液。进行消毒时确保幼儿不在现场，消毒液现配现用。

2. 操作流程

首先用专用抹布蘸配比好的消毒液拧干，将两块抹布放入桶中，充分浸泡10分钟。

再用另一块抹布浸入清水桶，拧至半干不滴水为止，先擦桌面，再换面，注意不重复不遗漏，擦拭桌面四周。更换抹布，用同样方法擦拭另一张桌面，去除桌面的浮尘与污物。

此时10分钟已到，拿起消毒桶中抹布，用同样的方法擦拭桌面，消毒时间为20分钟，放置已消毒过的桌卡，提示幼儿桌面已消毒，请勿触碰，20分钟后取走桌卡，用新抹布蘸取清水桶的清水，拧至半干，对桌面进行清洁处理，再静置20分钟后将椅子归位（两把椅子）。

对折后四分之一面放置桌面顶部，从一侧向另一侧擦拭1次；换另四分之一面（未擦试面）接着擦拭1次。之后重复上述步骤直至桌面消毒完毕。

桌面消毒完毕后在消毒桶内清洗抹布拧干，对折四分之一擦拭桌边四周一次；再次在消毒桶内清洗抹布拧干，对折四分之一擦拭桌腿一次，每次对折面均擦拭一次一个桌腿。

10分钟后开窗，用清水重复上述步骤擦拭共计两遍后方可开餐。

将六块抹布分别洗净，悬挂晾干，消毒以备下次使用（将手套、毛巾带走），消毒后将消毒水倒掉，用具清理干净放在指定位。

最后整理好用品，摘掉手套、口罩扔到垃圾桶，用七步洗手法洗净双手，并做好记录。

任务评价

请根据学生任务完成情况填写任务评价表。

考核内容		分值	评分标准	得分
双手清洗		30分	清洗步骤及方法正确	
配比消毒液	配制	20分	根据所提供的清水量，按照消毒液配制比例，正确配制消毒水	
	消毒	10分	运用正确方法对物品进行消毒	
	整理	10分	操作结束后清洁、整理物品得当	
卫生意识		10分	卫生习惯良好，操作区域整洁干净，废弃物处理得当	
职业素质		10分	发型、着装整齐且适合操作，操作情境性强，精神状态佳	
自选物品		10分	自选物品满足操作需要，符合婴幼儿年龄特点与安全卫生规范	
评分分档		80~100分	准备充分，照护方法合理正确，操作流程规范有序，动作熟练流畅，亲和力好，情感交流丰富	
		60~80分	准备较充分，照护方法较合理，操作流程较规范，动作较熟练流畅，亲和力较好，情感交流较少	
		40~60分	准备欠充分，照护方法欠合理，操作流程欠规范，动作欠熟练流畅，亲和力欠佳，情感交流欠缺	
		0~40分	该项任务未完成	

拓展延伸

东方爱婴早教机构消杀工作实施方案

为了幼儿身体健康，根据国家卫生部颁发的《托儿所、幼儿园卫生保健制度》要求，本早教机构制定以下卫生制度。

（1）保持室内空气流通，每天开窗通风2次，每次不少于20分钟，幼儿教室、寝室、活动室每天用紫外线灯消毒2次，每次35分钟，紫外线灯每周擦一次浮尘，以免影响消毒效果。

（2）口杯消毒。每日早晚用流水清洗口杯，消毒柜每日消毒一次40分钟。

（3）加强幼儿一日生活管理，保持幼儿个人的清洁卫生，饭前、便后洗手，培养良好生活习惯。

（4）幼儿用餐桌子、三餐擦嘴毛巾每餐一消毒，擦手毛巾每日消毒一次，用含有效氯500毫克/升的消毒液浸泡30分钟。

（5）桌椅、地垫、床头、门把手、水龙头、楼梯扶手消毒。每日用含有效氯500毫克/升的消毒液擦洗一次。

（6）幼儿寝室、活动室、厕所地面随时清扫。每日用含有效氯500毫克/升的消毒液拖把擦洗消毒一次。

（7）玩具消毒。幼儿玩具每周用含有效氯500毫克/升的消毒液浸泡一次，浸泡时间为30分钟，并晒干。

（8）厕所要清洁通风，随时清扫，做到无异味，每日用含有效氯500毫克/升的消毒液冲洗、浸泡消毒一次。

（9）床上用品消毒。被套每月清洗、消毒一次，床单、枕套每月两次。被子、床单、枕头每周暴晒一次，时间不少于2小时。

（10）工作人员要保持仪表整洁，要勤洗澡，勤剪指甲。

模块四

婴幼儿早期发展指导

模块概述

早期教育活动是依据 0~3 岁婴幼儿心理与生理的发展特点，在专业教师的指导下，由家长及婴幼儿共同参与的活动。活动以家长和婴幼儿为指导对象，注重家长和婴幼儿情感的沟通，在教师、家长和婴幼儿的共同配合下，更新家长的教育理念，提升家长的教育水平，最终促进婴幼儿的健康发展。

本模块内容选自近年来职业大赛中的优秀课例，希望倡导科学育儿理念，推广先进的保育方法和教育模式，提升保育人员的专业素质和技能水平。同时落实育人精神，加强师德师风建设，培养具有爱心、责任心和专业素养的保育人员队伍。

模块导读

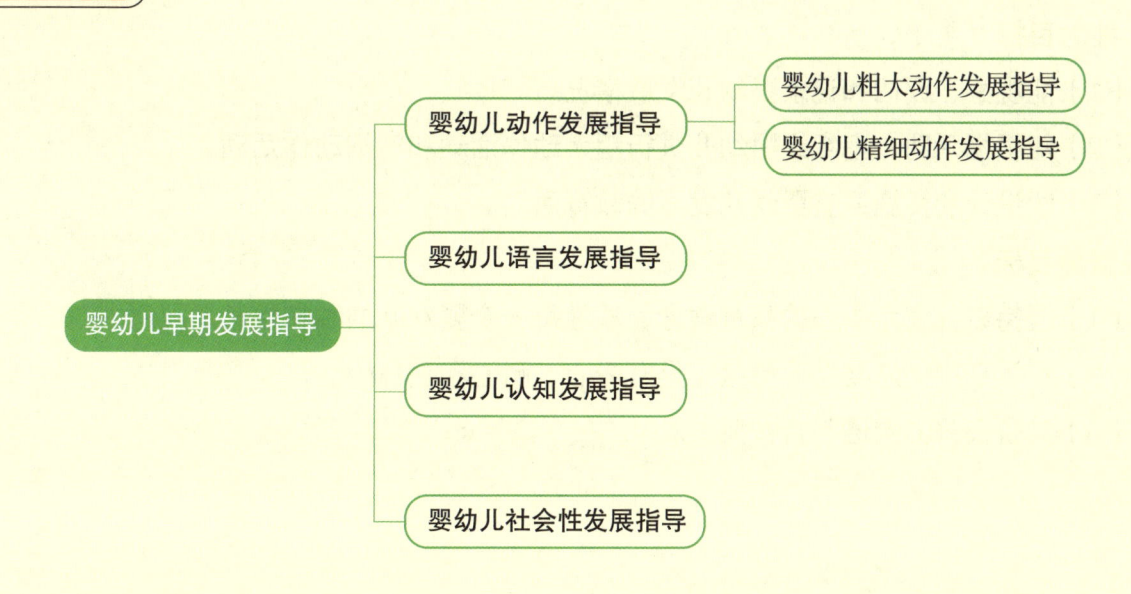

- 婴幼儿早期发展指导
  - 婴幼儿动作发展指导
    - 婴幼儿粗大动作发展指导
    - 婴幼儿精细动作发展指导
  - 婴幼儿语言发展指导
  - 婴幼儿认知发展指导
  - 婴幼儿社会性发展指导

项目九 婴幼儿动作发展指导

学习目标

知识目标

（1）掌握婴幼儿粗大动作和精细动作发展的特点与规律。
（2）掌握婴幼儿粗大动作和精细动作发展训练的原则及注意事项。

能力目标

（1）能观察、评估和记录婴幼儿发展情况。
（2）能根据活动方案组织婴幼儿进行粗大动作活动和精细动作活动。
（3）能设计和实施适宜婴幼儿发展的教育活动。

情感目标

（1）坚持以儿童为中心的教育理念，尊重每一个婴幼儿的独特性和发展潜力。
（2）在活动中关注婴幼儿情绪，具有爱心、耐心和责任心。
（3）具备良好的沟通与合作能力。

任务一　婴幼儿粗大动作发展指导

案例导入

请为25~30个月大的幼儿设计训练粗大动作的游戏。

从游戏目标、步骤、内容、语言、感情、仪态、动作等方面进行考核。物品准备不超过2分钟，模拟操作时间8分钟。所用物品安全卫生，游戏效果良好，符合该年龄阶段应该锻炼的粗大动作。

知识准备

一、0~3岁婴幼儿的早期发展指导

0~3岁婴幼儿的早期发展指导与幼儿园活动不同，幼儿园针对的是3~6岁幼儿，早教机构的指导对象不仅包括婴幼儿，还包括家长。幼儿园中家长与孩子共同游戏的机会多数只在大型活动中才有。而在早教机构中，由于婴幼儿年龄小，每次活动都需要家长的参与或陪伴，家长可以清楚地观察到婴幼儿的发展水平（表9-1），与教师、其他家长沟通的机会也较多。同时，早教机构的很多活动在设计时就考虑到了家长的参与，会引导家长学会在游戏中观察、了解婴幼儿，进而掌握一套科学的游戏方式。所以相对于幼儿园的活动，在早教活动中，家长可以更多地融入，在亲子情感沟通的基础上，实现双方互动。

表 9-1　0~3岁婴幼儿在各领域中的特征性行为表现（即发展的一般水平）

月龄/月	粗大动作	精细动作	语言	认知	社会行为
1	俯卧抬头	伸手放到口中	会发声而不是哭	眼睛追随光的移动	被抱起来时能安静下来
2	头竖直几秒钟	握紧短棍	发a、e、o等元音	眼睛随着铃铛声移动	逗引有反应
3	扶坐时头稳定	玩弄自己的手	笑出声	眼睛跟踪红球转180°	眼睛跟踪走动的人
4	俯卧抬头	摇动并注视拨浪鼓	咿呀声	看用绳牵着的物体	认亲人

续表

月龄/月	粗大动作	精细动作	语言	认知	社会行为
5	从一侧向另一侧翻身	抓住近处玩具	对人或物发声	抓住悬挂的环	扭头注意说话或唱歌的人
6	扶坐	会撕纸，能握2块积木	叫名字转头	用手摩掌（探摸桌面）	伸臂要求抱
7	仰卧可翻身	积木换手	发da-da、ma-ma音，无所指	寻找滚落的物体	认生
8	独坐片刻	拇指、食指捏小丸	模仿声音，如咂舌，有意识地摇铃	懂得成人面部表情	
9	辅助站立	拇指、食指捏小丸	会说"欢迎""再见"	方木对击	跟镜子中的影像玩
10	向前、向后爬	拇指、食指动作熟练	摇头表示"不"	找盒子里的东西	会表达感情
11	扶栏杆走	打开包方木的纸	能发单字音	模仿推玩具小车	握手、再见
12	扶栏杆走	会握笔在纸上画道道	有意识地叫"爸爸""妈妈"	试着盖瓶盖	服从简单指令，如把杯子递给我
13	可爬上台阶	用笔在纸上画	有唱歌的趋向	从盒子中取方木	
14	独走数步	一次可拿3~4块积木（一只手拿2块）	知道自己的名字	可将积木放入圆形模板	能配合穿衣服，有人帮助能用杯子喝水
15	喜欢推童车	从瓶中拿小丸	清晰地说单个字	翻书2次	会脱裤子
16	弯腰拾物	用2块积木搭高	认识图中的一件物品	可将积木放入方形模板	像大人一样把书摆好
17	小步跑、爬沙发	独自乱画	会说有明确含义的句子	可将积木放入2孔模板	可以自己端半杯水
18	举手过肩扔球，方木搭高4块	模仿画竖道	会说10个字，能听话	可将10块积木放入杯中	白天控制大小便

续表

月龄/月	粗大动作	精细动作	语言	认知	社会行为
21	拉着大人的手上楼梯	用玻璃丝穿过扣眼	能回答简单问题	2孔模板翻转后即放入	开口要桌子上的东西
24	双足跳离地面，自己搬板凳坐桌旁	用线穿过扣眼后将线拉出	会说2句以上的简单儿歌	会一页一页翻书，可翻2~3页	主动穿衣或脱衣
27	不扶栏杆上楼梯3个台阶（独自上下楼）	穿6颗珠子	会说含10个字的句子	认识大小	在桌子上可以独立使用勺和筷
30	独脚站立6秒	会用剪刀剪纸	能说出2件以上的物品，如杯子、刀、椅子	知道"1"与"许多"的概念，认识红色	来回倒水不洒
33	立定跳远	模仿画圆	能连续执行3个命令	懂得里外	会解扣子
36	两脚交替跳	模仿画"十"字	懂得冷了、累了、饿了	认识2种颜色	会扣扣子

二、婴幼儿粗大动作发展的特点与规律

婴幼儿早期动作的发展主要分为粗大动作和精细动作。粗大动作主要是指婴幼儿对自己身体整体的控制，如跑、跳、行走等。精细动作主要指细小肌肉的运动，如手指、手腕的动作等。

（一）粗大动作发展的特点

（1）0~6个月为原始反射支配时期，以移动运动为主，包括仰卧、侧卧、俯卧、翻身、蠕行、抱坐、扶坐等（图9-1）。

（2）7~12个月为步行前时期，仍然以移动运动为主，包括独坐、爬行、扶站、姿势转换、花样爬（障碍爬）、扶走等。

（3）13~18个月为步行时期，以行走平衡感发展为主，包括站立、独立走（向不同方向走、直线走、曲线走、侧身走、倒退走）、攀登、掌握平衡等。

（4）19~36个月为基本运动技能时期，以技能运动为主，包括跑（追逐跑、障碍跑）、跳（原地向上跳、向前跳）、投掷（投远、投向目标）、单脚站立、翻滚、走平衡木、抛物和接物、玩运动器械（坐滑梯、荡秋千、蹬童车）等。

图9-1　0~6个月婴儿爬行

（二）粗大动作发展的规律

（1）最初的动作是全身性的、笼统的、散漫的，以后逐渐分化为局部的、准确的、专门化的。

（2）从上到下：婴幼儿最早的动作发生在头部，其次在躯干，最后是下肢，即按抬头—翻身—坐—爬—站—行走的顺序。

（3）从大肌肉动作到小肌肉动作。

三、婴幼儿粗大动作训练的原则及注意事项

（一）粗大动作训练的原则

（1）循序渐进原则。婴幼儿粗大动作练习必须遵循抬头—翻身—坐—爬—站—走的发展顺序，不可随意选择。

（2）适宜性原则。婴幼儿处于发育阶段，精力有限，练习时间过长容易疲劳，收效不好。所以一次的训练时间不宜太长，由于个体存在差异，以婴幼儿不感觉疲劳为宜。

（3）趣味性原则。在进行粗大动作训练时，除了要达到动作发展的目的，还需要培养婴幼儿对运动的兴趣，所以要尽量营造快乐的游戏氛围。

（二）注意事项

（1）训练动作技能要循序渐进，不可操之过急。

（2）选择的训练项目要适合婴幼儿的年龄特点。

（3）注意对上下肢同时进行刺激。

（4）应做到时间短、次数多。

（5）关注婴幼儿的情绪，随时用表情和语言与婴幼儿沟通。

> 任务实施

一、活动准备

（1）物品准备：律动音乐、彩虹伞、小动物手偶和头饰若干。

（2）照护者准备：着装整齐，适宜组织活动，普通话标准。

（3）环境准备：周围环境整洁、安全、温湿度适宜，创设的活动环境良好。

（4）评估玩教具：用物准备齐全，干净、无毒、无害。

（5）评估幼儿：参加此活动的幼儿无须经验准备；评估幼儿精神状态是否良好、情绪是否稳定。

二、活动目标

（1）知识目标：锻炼幼儿双脚跳、用脚尖走路、单脚站立等动作。

（2）能力目标：培养幼儿的平衡力和协调性。

（3）情感目标：让幼儿和家长感受运动的快乐。

三、活动过程

（一）热身准备

"宝宝们，家长们，欢迎来到快乐的森林运动会。现在请宝宝们选择一块自己喜欢的颜色的垫子坐下，让我们看看都有哪些动物来参加。当当当当当，他是谁呀？是小兔子。小兔子跟你们打招呼了：'花花你好，点点你好。'他又是谁呢？是小鸭子。小鸭子也跟你们打招呼呢：'花花你好，点点你好。'打过招呼之后，我们大家都熟悉起来了。"

（二）主体活动

1. 教师唱跳，示范动作

播放律动音乐，示范动作："我们来看看运动会上小动物是怎么出场的。"

"小小兔子出来了，跳呀跳，跳呀跳，小小兔子出来了，跳呀跳呀跳。"

"小小猫咪出来了，走呀走，走呀走，小小猫咪出来了，走呀走呀走。"

"小小鸭子出来了，摇呀摇，摇呀摇，小小鸭子出来了，摇呀摇呀摇。"

2. 讲解双脚跳等动作，让幼儿模仿

"宝宝面前有这么多好看的头饰，你们喜欢哪个小动物？选择一个你喜欢的头饰戴上，现在请小朋友们站起来，跟老师一起来做。

"小兔子是怎么跳的？双脚并拢，手放在我们的头上，屈膝准备，向前跳，小兔子，跳跳。

"小猫咪是怎么走的？踮起脚尖，尽量走成一条直线。小猫咪，走走。

"小鸭子呢？手放身体两侧，抬起一只脚，然后放下来，抬起另一只脚。哇，宝宝们动作都很到位，模仿得很形象。现在请宝宝们坐下，我们喝点水休息休息。"

3. 游戏巩固

"宝宝们一个接着一个在老师身后站好，看彩虹伞上的颜色。先学小兔子跳，跟着老师从红色的格子跳到对面红色的格子，小兔子跳，跳呀跳。宝宝跳的时候一定要注意安全。

"现在我们学小猫咪，跟着老师踮起脚尖，从黄色的格子走到对面黄色的格子。小猫咪走，走呀走。

"接下来学小鸭子，学老师把双脚放到两个绿色的格子里，左右摇摆。小鸭子摇，摇呀摇。每个宝宝都做一遍。

"现在我们一起跟着音乐再来一遍。

"小小兔子出来了，跳呀跳，跳呀跳，小小兔子出来了，跳呀跳呀跳。

"小小猫咪出来了，走呀走，走呀走，小小猫咪出来了，走呀走呀走。

"小小鸭子出来了，摇呀摇，摇呀摇，小小鸭子出来了，摇呀摇呀摇。

"宝宝们模仿得真像呀，进步真大！"

4. 活动延伸

"森林运动会就要结束了，小动物们要回家了，请宝宝们把头饰还给老师，帮助老师一起把彩虹伞收起来。

"在今天的活动中，宝宝们练习了双腿跳等动作，回到家后，请家长朋友带领宝宝继续做这个游戏。让我们和小动物们告别吧，宝宝们，再见！"

记录活动中每个幼儿的表现并进行评估，与家长沟通，并进行指导。

最后整理好现场用物，安排幼儿休息。

5. 注意事项

（1）教学内容应符合幼儿年龄特点，具有趣味性、教育性。

（2）活动过程中要注意安全，有序组织。

（3）和家长有效沟通，通力协作。

任务评价

请根据学生任务完成情况填写任务评价表。

考核内容		考核点	分值	评分要求	得分
准备	照护者	着装整齐、适宜组织活动，普通话标准	2	不规范、不标准扣2分	
	环境	整洁、安全、温湿度适宜	2	不规范扣2分	
		创设适宜的活动环境	2	不规范扣2分	
	物品	相关游戏教具及材料准备齐全，干净、无毒、无害	5	不规范扣5分	
	幼儿	评估幼儿经验准备	2	未评估扣2分	
		评估幼儿精神状况是否良好、情绪是否稳定	2	未评估扣2分	
计划	预期目标	口述：情感、认知、技能三维目标	5	未口述扣5分	
实施	活动过程	准确把握活动方案的意图，完成教学任务，达成教学目标	10	未达成扣10分	
		教学思路清晰，各环节过渡自然，时间分配合理	15	依欠缺程度扣3~15分	
		活动过程规范	10	不规范扣10分	
		教态自然大方，生动活泼，有亲和力	4	不规范扣4分	
		活动过程中具有一定的安全意识	4	依欠缺程度扣4分	
		教学语言简洁流畅，用语准确，有启发性和感染力，有利于激发幼儿主动学习的兴趣	15	不合适扣15分	
		流畅地组织、完成活动	2	不流畅扣2分	
	活动延伸	记录活动中每个幼儿的表现并进行评估	4	未完成扣4分	
		与家长沟通幼儿表现，并进行指导	4	未沟通扣4分	
		整理用物，安排幼儿休息	2	无整理扣2分	
其他		活动过程中态度亲切，动作轻柔，有耐心，关爱幼儿	5	依欠缺程度酌情扣分	
		与幼儿有良好的互动，能给予及时的肯定和鼓励	5	没有互动扣5分，互动不恰当扣1~5分	
总分			100		

> 拓展延伸

幼儿园环境创设

一、物质环境的亲和

（1）所有的环境都是精心为幼儿设计的，气氛温馨、和谐、快乐。

（2）所有的环境准备都能够考虑到幼儿的安全、舒适和健康成长的需要。

（3）户外的大型活动器械、玩具充分考虑不同年龄段幼儿的活动需要，不仅让幼儿的身体得到运动和锻炼，情绪也能得到宣泄，能够尽情游戏。

（4）幼儿园环境色调雅致、墙饰美观、富于童趣，以点睛之笔体现本园特色。

（5）生活、游戏、活动设施能根据各年龄段幼儿的不同需要进行配置，体现对幼儿的尊重。环境设置不仅要保证幼儿生活、学习、游戏活动的正常进行，还要满足幼儿生理与心理发展的需要，让幼儿有爱园如家的亲切感。

（6）营造亲和的家园氛围，为家长提供了解、参与、分享的机会和途径。可设亲子阅览室、家长来园接待厅、英语角、宣传橱窗（如课程简介、园舍环境设施介绍、员工宣传、特色课程说明、卫生保健建议、膳食营养食谱等），体现对家长的接纳与信任，让家长感到亲切、有归属感。

二、人际环境的亲和

（1）语态亲切自然，对幼儿轻声细语、和颜悦色，语速适中。

（2）言行礼貌，和幼儿一起遵守同样的规则。

（3）每天与每位幼儿至少进行一次身体语言上的接触，包括抱一抱、摸摸头、搂一搂、拉拉手、贴贴脸、微笑、点头赞许等。

（4）不经常表扬或亲近个别幼儿，让每个幼儿都感觉得到教师的爱。

（5）叫幼儿小名或乳名。

（6）有良好的自我调控能力，不把个人情绪带到工作中来。

（7）允许幼儿犯错误，不批评，纠正幼儿的偶发性错误。

（8）注意和帮助那些需要帮助的幼儿，及时给予身体语言的回应。

（9）与幼儿讲话时尽可能地弯下身或蹲下来，让幼儿有平等的感觉。

（10）尊重幼儿的选择，不轻易否定幼儿的选择与决定。

（11）悉心照料幼儿的生活，给予幼儿生活上具体的帮助，如穿衣、提裤、垫毛巾、擦鼻涕、理发、梳头、洗澡、盖被、系鞋带等。

（12）节日时赠送自制玩具等小礼品给幼儿，以增进师生感情。

（13）对有特殊状况（自身或家庭问题）的幼儿要表现出有针对性的爱。

（14）参与到培养师生感情的游戏活动之中，在平等的嬉戏中使感情更加融洽。

（15）善意地批评幼儿，不挖苦、嘲笑，严禁体罚和变相体罚幼儿。

任务二　婴幼儿精细动作发展指导

> **案例导入**
>
> 　　幼儿园里要进行教学活动评比，评比要求是根据提供的条件组织婴幼儿精细动作活动展示。请根据素材韵律《我们大家跳起来》，选择适宜年龄段以及幼儿园一日生活环节，设计并组织活动。
> 　　任务要求：过程中完整呈现韵律展示，时间在8分钟内。演唱完整生动，音调、节奏准确，咬字、吐字清晰，声音流畅自然；动作协调优美，情绪饱满，表情适宜；韵律展示符合婴幼儿特点。组织自然流畅，师幼互动充分，活动实效高。

> **知识准备**

　　精细动作是指个体主要凭借手指等部位的小肌肉或小肌肉群的运动，在感知觉、注意等多方面心理活动的配合下完成特定的任务。精细动作在婴幼儿探索和适应环境的过程中起到十分重要的作用。

一、婴幼儿精细动作发展的特点和规律

（一）婴幼儿精细动作发展的特点

（1）婴幼儿手部精细动作发展的顺序是：从满手抓握到拇指与其他四指对握，再到食指与拇指对捏。

（2）婴幼儿精细动作必须在粗大动作发展的基础上才能得到发展。

（二）婴幼儿精细动作发展的规律

　　在精细动作的发展中，最重要的是手部的抓握。抓握动作的发展，以眼睛注视物体和手抓握物体动作的协调，以及五指分工为特点。新生儿先天具有抓握反射，这为其控制物体提供了基础。婴儿出生后大约6个月时，正式的抓握动作才开始发展。4~6个月大的婴儿会出现自主的尺骨抓握，表现为手指对着手掌闭合，类似握紧拳头的动作，显得十分笨拙。之后，婴儿能够将物体从一只手交换到另一只手上，这时，手眼协调开始发生，婴儿能在看到物体后用手抓住它。8个月左右的婴儿，尺骨抓握逐渐被钳式抓握取代，表现为使用拇指和食指进行抓握。1岁左右的婴儿能捡起小豆子、抓小虫子等。大约18个月大时，幼儿能将两三件东西搭叠起来，能推拉玩具，会同时使用拇指与其他四指，抓握动作得到充分

发展。2岁左右的幼儿能用手一页一页地翻书。2.5岁左右时，幼儿手与手指的动作已经相当协调，手指活动自如，会拿筷子、拿笔。3岁时，幼儿能用手拿笔画圆圈，能自己解开和扣上纽扣。

婴幼儿手部的精细动作一般由全手掌动作向多个手指动作发展，继而向几个手指动作发展，经历从混乱、无意识到手眼协调、灵活控制的过程，具体见表9-2。

表 9-2　手部精细动作各阶段发展表

动作发展阶段	动作特征	年龄
动作混乱	动作没有条理，只是胡乱摆动，常紧握小手	1个月以内
无意触摸	手偶尔碰到物体就会去抚摸，特点是只会沿着物体的边缘移动而不会抓握，是纯粹的无意动作	2~3个月
无意抓握	把东西放在婴儿手掌上，他会去抓握，甚至能抓在手里摇晃，但这并不是有意操控，只是手的偶然挥动	3~4个月
手眼协调	能够顺着视线去抓住所看见的东西；动作有了简单的目的和方向；动作虽然有目标，但还伴随许多不相干的动作；当手里拿着一样东西时，如果见到另外一样东西，就会把手里的东西丢掉，再去拿别的东西	4~6个月
日益灵活丰富	学会双手配合，能够把一只手里拿着的东西放到另一只手里；五指分工逐渐灵活，大拇指和其他手指的动作逐渐分化；喜欢摆弄物体，把东西搬来搬去、敲打、摇晃；喜欢重复动作	6~12个月
使用工具	1岁后，幼儿逐渐能准确拿起各种东西；1岁半左右的幼儿已不再随意敲敲打打，而是根据特性来使用物体；2岁以后，幼儿能够自己用小毛巾洗脸、拿起笔来画画	1~3岁

二、婴幼儿精细动作训练的原则及注意事项

（一）精细动作训练的原则

（1）刺激性原则。在婴幼儿发展的不同时期，要提供合适的刺激物，让婴幼儿有机会进行精细动作的训练。通过触摸、抓握、拍打、敲击、拼插等动作的训练，可以发展良好的感知觉和动作行为，促进大脑细胞的发育和手眼协调能力的形成（图9-2）。

（2）操作性原则。进行精细动作训练，离不开配套的操作玩具。让婴幼儿在成人的引导下有步骤地进行操作，掌握了操作技巧后，婴幼儿就可以自行玩耍了。

（3）递进性原则。精细动作的发展由简单到复杂，这是大脑发育逐渐成熟的过程，因此为婴幼儿提供的玩教具也要遵循由简单到复杂的特点。

图 9-2　幼儿玩耍玩教具

> 任务实施

一、活动准备

（1）物品准备：豆子、勺子、两个碗、托盘、彩虹伞、海洋球、签字笔、记录本。

（2）照护者准备：着装整齐，适宜组织活动，普通话标准。

（3）环境准备：周围环境整洁、安全、温湿度适宜，创设的活动环境良好。

（4）评估玩教具：用物准备齐全，干净、无毒、无害。

（5）评估幼儿：参加此活动的幼儿无须经验准备；评估幼儿精神状态是否良好、情绪是否稳定。

二、活动目标

（1）知识目标：掌握幼儿精细动作发展的特点和规律，掌握幼儿精细动作训练的原则及注意事项。

（2）能力目标：提高幼儿的双手配合能力，促进其手指灵活性。

（3）情感目标：使幼儿积极参与活动，体验游戏的乐趣。

三、活动过程

（一）热身准备

"宝宝们早上好，老师今天给大家带来一个好玩的游戏，但是在游戏开始之前，咱们要做一段热身运动。现在请宝宝们跟在老师身后，学老师的动作，注意不要踩到其他人。

"小兔子走路蹦蹦跳，小鸭子走路摇啊摇，小乌龟走路慢吞吞，小花猫走路静悄悄。"

（二）主体活动

1. 教师展示勺子，并示范如何使用

"现在老师给宝宝们变一个小魔术。你们看，老师变出了什么？老师变出了一把勺子、一个空碗，还有一个装了豆子的碗。这可不是普通的豆子，它们是调皮的豆子，如果我们没有舀好的话，它们可是会逃跑的哦。为了不让它们逃跑，我们要来认识一下小勺子。

"宝宝们看，我们的小勺子是由圆圆的勺头跟长长的勺柄组成的，请宝宝们来摸一摸，感受一下。宝宝们在家吃饭的时候会用到勺子吗？那宝宝们知道怎么拿勺子吗？不知道也没关系，现在老师来教你们。伸出我们右手的拇指、食指、中指，再伸出我们的左手，拿住勺子的勺头，把勺柄放在右手的虎口处，然后用三根手指捏住小勺子，像老师这样。一定要捏稳哦，不然它会掉的。宝宝们做得都很好。那现在我们要开始舀豆子啦，宝宝们先看老师做一遍，等一下再轮到宝宝们哦！舀、放、舀、放，如果有豆子掉落，我们要把它捡起来放在碗里面，不要让它逃跑哦。好啦，老师的豆子舀好了。"

2. 游戏巩固

"现在请宝宝们舀豆子吧。老师看到红红小朋友舀豆子的手法特别准确呢，红红真棒！老师看到宝宝们都会用勺子舀豆子了，那我们舀豆子的活动就到这里结束啦，现在跟老师一起收拾一下小道具吧。好啦，宝宝们去旁边喝口水休息一下吧，休息完我们就要玩下一个游戏啦。

"宝宝们看老师铺在地上的是什么呀？这是彩虹伞。再看看这个是什么呀？是海洋球宝宝。把海洋球宝宝都放在彩虹伞上面，抓住彩虹伞的小脚，上下抖动，这个游戏就叫作炒豆子。看老师是怎么做的：炒黄豆，炒黄豆，炒完黄豆炒蚕豆；炒蚕豆，炒蚕豆，炒来炒去翻跟头。这样我们的豆子就炒好了，宝宝们学会了吗？那么老师想请宝宝们跟老师一起来炒豆子，要抓稳彩虹伞的小脚哦。宝宝们做得都很棒呢，那我们开始炒豆子了：炒黄豆，炒黄豆，炒完黄豆炒蚕豆；炒蚕豆，炒蚕豆，炒来炒去翻跟头。宝宝们都做得很棒呢，那我们炒豆子的游戏到这里就结束了，现在请宝宝们跟老师一起把小道具收起来吧。"

3. 活动延伸

"家长们好，我们今天学习了如何使用勺子舀豆子，由于是第一次学习，可能有的宝宝动作不是特别标准，回家后可以让宝宝进行这方面的练习。家长们再见，宝宝们再见。"

整理现场用物，清理环境，用七步洗手法洗净双手，在记录本上记录幼儿的表现。

4. 注意事项

（1）教学内容应符合幼儿年龄特点，具有趣味性、教育性。

（2）活动过程中要注意安全，有序组织。

（3）和家长有效沟通，通力协作。

▶ **任务评价**

请根据学生任务完成情况填写任务评价表。

考核内容		考核点	分值	评分要求	得分
准备	照护者	着装整齐、适宜组织活动，普通话标准	2	不规范、不标准扣2分	
	环境	整洁、安全、温湿度适宜	2	不规范扣2分	
		创设适宜的活动环境	2	不规范扣2分	
	物品	相关玩教具及材料准备齐全，干净、无毒、无害	5	不规范扣5分	
	幼儿	评估幼儿经验准备	2	未评估扣2分	
		评估幼儿精神状况是否良好、情绪是否稳定	2	未评估扣2分	
计划	预期目标	口述：情感、认知、技能三维目标	5	未口述扣5分	
实施	活动过程	准确把握活动方案的意图，完成教学任务，达成教学目标	10	未达成扣10分	
		教学思路清晰，各环节过渡自然，时间分配合理	15	依欠缺程度扣1~15分	
		教学语言简洁流畅，用语准确，有启发性和感染力，有利于激发幼儿主动学习的兴趣	15	不合适扣15分	
		活动过程规范	10	不合适扣10分	
		教态自然大方，生动活泼，有亲和力	4	不规范扣4分	
		活动过程中具有一定的安全意识	4	依欠缺程度扣1~4分	
		流畅地组织、完成活动	2	不流畅扣2分	
	活动延伸	记录活动中每个幼儿的表现并进行评估	4	未记录并评估扣4分	
		与家长沟通幼儿表现，并进行指导	4	未沟通扣4分	
		整理用物，安排幼儿休息	2	未整理扣2分	
其他		活动过程中态度亲切，动作轻柔，有耐心，关爱幼儿	5	依欠缺程度酌情扣分	
		与幼儿有良好的互动，能给予及时的肯定和鼓励	5	没有互动扣5分	
总分			100		

> 拓展延伸

幼儿园与家庭、社区协同育儿方法

（1）通过家长学校相关内容的辅导，家园能够彼此了解、彼此走近、彼此理解。每学期进行两次以上家长学校辅导活动。

（2）通过家长委员会，让家长参与到幼儿的活动与管理中来，为幼儿园办实事，形成家园的紧密互动。

（3）园长和副园长轮流每天早晚在幼儿园大门前迎送家长和孩子。

（4）开设家长信箱，安排定期的家长咨询日，由园长亲自接待，及时了解家长的需要和意见。

（5）保教人员与家长建立和谐、愉快、互信的沟通关系，在保教工作的点滴细节上，以真诚付出打动家长。

（6）定期发放园刊或园报。

（7）每学期反馈给家长一份"幼儿发展评价表"。

（8）按时（两周为宜）填写"家园联系手册"，向家长反映幼儿近期的发展情况。

（9）学期初和学期末召开家长会。

（10）精心设计亲子运动会、毕业典礼、六一儿童节和新年等大型活动。

（11）创设"亲子桥"栏目，内容贴近家长需要，体现班级家长工作的创新特色。

（12）每周进行亲子脑力激荡活动。

（13）开展社区家庭结队活动，根据幼儿不同的发展水平和个性特征，结成家庭帮对，促进幼儿的发展。

（14）通过在社区开展各种大型活动，使幼儿园与社区建立合作关系，树立良好的社会形象。

（15）设立家长开放日。每月一次，向家长展示真实情况，不要作秀，让各位教师平日的教学都能经得起抽查，便于家长了解孩子在园的真实状态。

（16）设立家长义工日。每两个月一次，邀请家长来园，配合教师为孩子上一节有关其职业特点或专长的课，开拓幼儿的眼界；或者让家长当助教，体会幼儿教师的真实感受，使其更加理解幼儿园的工作，增进家园配合的共识。

（17）设立亲子活动日。园所组织能让家长与孩子、教师互动的娱乐或教育活动，每学期一次，向家长宣传早期教育的重要性，让家长知道如何在家中教育孩子、如何与孩子游戏。

项目十 婴幼儿语言发展指导

学习目标

知识目标

（1）掌握婴幼儿语言发展的特点。
（2）掌握早期阅读活动的特点。
（3）掌握早期阅读活动的意义。

能力目标

（1）能进行婴幼儿语言发展的初步指导。
（2）具备组织语言早教活动的基本能力。

情感目标

（1）建立积极、有效的师幼关系，尊重、关爱和信任每一个婴幼儿。
（2）与家长保持良好的沟通和合作关系，共同促进婴幼儿的成长和发展。
（3）传递积极的情绪和态度，为婴幼儿营造一个温馨、愉快的学习环境。

> **案例导入**
>
> 晓玲接到园长的通知，下周要进行对24~30月龄幼儿的语言训练指导展示。晓玲选择展示的是阅读故事的技能，要求是根据所提供的绘本进行讲述。
>
> **任务：** 作为照护者，请完成幼儿故事阅读的技能展示。

> **知识准备**

婴幼儿时期是语言发展，特别是口语发展的重要时期。婴幼儿语言教育活动是有目的、有计划、有组织地对婴幼儿进行语言教育的过程。

语言是婴幼儿学习概念、发展智力、扩大交往范围、促进社会化发展的基本前提。3岁前是婴幼儿语言发展的关键时期，经过单词句、双词句和完整句等阶段的发展，婴幼儿的语言发展在这一时期基本形成。

婴幼儿语言领域活动有倾听、表达和早期阅读。

作为初学者，首先要了解婴幼儿语言发展的特点，善于发现婴幼儿语言发展中的问题，并采取相应的教育对策等。

一、幼儿语言发展的特点

幼儿语言的发展是随着神经系统的成熟和思维水平的提高，在运用语言与人交往的过程中逐步实现的，既受年龄因素的制约，又存在较明显的个体差异。神经系统的发育、发音器官的调节控制、听觉器官的辨别等是影响幼儿语言发展的主要因素。

1. 1~3岁幼儿语言的发展

1~1.5岁属于单词句阶段，基本上是以词代句，一般能说几十个词；1.5~2岁属于多词句阶段，能掌握200~300个词，一般使用电报式语言，例如"饼干，买，帽帽"（意为戴上帽子去买饼干）；2~3岁属于简单句阶段，一般能掌握300~700个词，能说出有简单主谓结构的句子，如"宝宝睡了""我喝水"。

这一阶段的用词多为名词、动词，有少量的形容词、副词、连接词。一般称这一阶段为"掌握本族语言的准备期"或"前言语期"。

2. 3~6岁幼儿语言的发展

这一时期，幼儿的语言日渐丰富，口头语言迅速发展，书面语言的发展具备了可能性。

3~4岁幼儿由于神经系统发育还不够完善，发音器官和听觉器官的调节、控制能力相对较差，所以有些音发得不够准确和清晰。如g和d，zh、ch、sh和z、c、s，j、q、x、l等，常常把"老师"说成"老西""老基"，把"姥姥"说成"嗷嗷"，把"哥哥"说成"得得"。这一时期是语音发展的关键期。这时的幼儿已经能听懂日常生活用语，会向别人表达自己基本的想法和要求，只是语句不够完整，会出现时断时续的现象，对词义的理解比较表面化和具体化，因此教育重点在于培养准确发音、把简单句说完整。

4~5岁幼儿基本能够发清楚大部分的语音，已能听懂日常一般句子和一段话的意思，掌握词汇的数量和种类迅速增加。在使用简单句的基础上，其语言逐渐连贯起来。这一阶段的教育重点是发展词汇。

5~6岁幼儿在正确的教育和影响下，能够清楚地发出母语的全部语音，并能听懂更多较为复杂的句子、理解一段话的意思；能够掌握表示因果、转折、假设关系的连接词，以及表示类概念的词汇；能够用语言描述事物发展的顺序，并且会有意识地组织句子，表达时运用各种语气。

二、幼儿阅读能力发展的特点

1. 12~24月龄

（1）对早期阅读读物表现出一定的兴趣以及对某一图画书的偏爱。

（2）喜欢在成人的陪同下一起阅读。

（3）喜欢听生动有趣的儿歌、小诗。

（4）能区分图画书的正反面。

2. 24~36月龄

（1）喜欢阅读与其生活经验相关的图画书。

（2）喜欢重复阅读同样的内容。

（3）能理解图画书的简单情节。

（4）能自己动手翻阅图画书。

（5）初步了解图画书的构成。

三、幼儿早期阅读活动的意义

1. 有利于培养幼儿的阅读兴趣

阅读是一项非常重要且有意思的活动。开展阅读活动，能够让幼儿感受阅读的快乐和新奇，使其对阅读产生浓厚的兴趣，从而爱上阅读。

2. 有利于发展幼儿的认知水平

阅读活动突破了时间和空间的局限，为幼儿打开一个丰富的世界，使幼儿通过阅读了解世界、认识世界、拓宽视野、增长知识。

3. 有利于丰富幼儿的情感，使其形成良好的道德品质

图画书中的优秀故事能让幼儿获得丰富的情感体验，明确是非观、道德观。

4. 有利于提升幼儿的观察力、想象力、注意力和理解力

幼儿在阅读活动中需要仔细观察图画书、发挥想象力，以理解图画书的内容与意义，这就使得幼儿的观察力、想象力、注意力与理解力得到自然提升。

5. 有利于发展幼儿的语言能力

阅读可以让幼儿了解有关书面语言的知识，激发幼儿想说、能说的潜能，从而让幼儿在"听、看、说"中不断提升自身的语言能力。

任务实施

一、活动准备

（1）物品准备：绘本故事、故事视频、手偶、头饰。

（2）照护者准备：着装整齐，适宜组织活动，普通话标准。

（3）环境准备：周围环境整洁、安全、温湿度适宜；为幼儿创设良好的活动环境。

（4）评估玩教具：用物准备齐全，干净、无毒、无害。

（5）评估幼儿：参加此活动的幼儿无须经验准备；评估幼儿精神状态是否良好、情绪是否稳定。

二、活动目标

（1）使幼儿喜欢听故事、理解故事内容。

（2）使幼儿认识到刷牙的重要性，养成早晚刷牙的好习惯。

三、活动过程

（一）导入

"小朋友们、家长们，大家好！欢迎来到快乐的动物森林。快看，这是谁呀？是小狮子，是不是啊？接下来，老师给小朋友们讲一个关于不刷牙的小狮子的故事，好不好啊？"

（二）故事讲述

1. 边演示教具边讲故事

"小狮子不讲卫生、不爱刷牙，它的嘴巴越来越臭。有一天，小狮子来找小兔玩。'小兔，我们……'他话还没说完呢，小兔子晕晕地说了句：'好臭！'接着'扑通'一声倒在了地上，小动物们都被吓跑了。

"小狮子没有找到朋友玩，他闷闷不乐地回到家。这时，他看到出差的爸爸回来了，小狮子张大嘴巴，高兴地喊：'爸爸！'爸爸突然把鼻子捂住，对他说：'天呐，你多久没刷牙了？'

"小狮子不好意思地说：'好久了。'爸爸急忙给小狮子找出牙刷和牙膏，让他仔细刷牙。不一会儿，小狮子把牙齿刷干净了，他的嘴巴一点儿都不臭了。

"'以后你一定要早晚按时刷牙，不然嘴巴臭臭的，小伙伴都不爱和你玩啊！'爸爸说。小狮子听了，点了点头。

"刷完牙的小狮子又去找小伙伴们，这回大家都愿意跟他一起玩了。

"小狮子可高兴了，小朋友们和小动物们一起跳起来吧！"

2. 随儿歌律动

"小小狮子不刷牙，没有人和他玩耍，左刷刷，右刷刷，朋友全都来他家。

"接下来宝宝们休息一下吧，我们喝一点水。"

3. 借助图片讲故事

"现在请小朋友们看老师手中的绘本，图片里的这个小动物是谁啊？是小兔子，对不对啊？他为什么被小狮子熏倒了呀？因为小狮子的嘴巴臭臭的。

"小狮子回家之后看到了谁啊？是爸爸。爸爸给了小狮子什么啊？是牙刷、牙膏。小狮子刷完牙，怎么样啦？有更多的小伙伴和他一起玩了。"

4. 播放故事视频，进行角色扮演

"小朋友们喜不喜欢这个可爱的小狮子头饰，想不想戴啊？现在开始你们就是小狮子啦。接下来我们完整地欣赏一下故事好不好？"完整播放故事视频，让想表演的幼儿戴上头饰，模仿角色语言，进行角色扮演。

（三）小结

"这个故事告诉我们什么呢？没错，我们要认认真真地刷牙，不然嘴巴臭臭的，就没有人和我们做朋友啦。"

（四）活动延伸

"回家之后，家长可以继续跟孩子一起阅读绘本故事、扮演故事中的角色。让宝宝养成良好的刷牙习惯。"

（五）注意事项

（1）在语言活动中使用规范的普通话。

（2）语言内容尽量丰富。

（3）对于2~3岁的宝宝，个别错误发音不要急于纠正，多鼓励他们说完整的句子。

▶ 任务评价

请根据学生任务完成情况填写任务评价表。

考核内容		考核点	分值	评分要求	得分
准备	照护者	着装整齐、适宜组织活动，普通话标准	2	不规范、不标准扣1~2分	
	环境	整洁、安全、温湿度适宜	2	不规范扣2分	
		创设适宜的活动环境	2	不规范扣2分	
	物品	相关玩教具及材料准备齐全，干净、无毒、无害	5	不规范扣5分	
	幼儿	评估幼儿经验准备	2	未评估扣2分	
		评估幼儿精神状况是否良好、情绪是否稳定	2	未评估扣2分	
计划	预期目标	口述：情感、认知、技能三维目标	5	未口述扣5分	
实施	活动过程	准确把握活动方案的意图，完成教学任务，达成教学目标	10	未达成扣10分	
		教学思路清晰，各环节过渡自然，时间分配合理	15	依欠缺程度扣15分	
		教学语言简洁流畅，用语准确，有启发性和感染力，有利于激发幼儿主动学习的兴趣	15	不合适扣15分	
		活动过程规范	10	不合适扣10分	
		教态自然大方，生动活泼，有亲和力	4	不规范扣4分	
		活动过程中具有一定的安全意识	4	依欠缺程度扣1~4分	
		流畅地组织、完成活动	2	不流畅扣2分	
	活动延伸	记录活动中每个幼儿的表现并进行评估	4	未记录并扣4分	
		与家长沟通幼儿表现，并进行指导	4	未沟通扣4分	
		整理用物，安排幼儿休息	2	未整理扣2分，整理不到位扣1~2分	
其他		活动过程中态度亲切，动作轻柔，有耐心，关爱幼儿	5	依欠缺程度酌情扣分	
		与幼儿有良好的互动，能给予及时的肯定和鼓励	5	没有互动扣5分	
总分			100		

> 拓展延伸

幼儿园教师岗位职责

（1）认真贯彻《幼儿园教育指导纲要（试行）》，遵循幼儿身心发展规律，结合本班幼儿的特点和个体差异，制订教育工作计划（学期、月、周、日计划）并组织实施，期末进行总结，坚持在实践中反思、在反思中进步，备好课、上好课，写好教学笔记，积极自制玩具，积累好各科教学资料。

（2）对幼儿进行初步的、全面的教育，使幼儿健康、活泼、愉快地成长。

（3）认真贯彻幼儿一日生活常规，树立正确的教育观、儿童观，热爱、尊重幼儿，坚持积极、正面的教育，坚持面向全体幼儿，不断研究，探索幼儿教育规律，努力提高课堂质量。

（4）做到为人师表，禁止任何形式的体罚和变相体罚等损害幼儿身心健康的行为。

（5）创设与保教要求相适应的幼儿能主动参与的生活与教育环境，组织安排好幼儿一日活动，开展内容丰富多样的活动，寓教于乐，严格执行作息制度；做好进班前的一切准备工作，带班时人到心到，不擅自离开岗位。

（6）对幼儿保健和安全要全面负责，发现异常及时报告，认真交接班，填好各种记录。根据气温变化，随时给幼儿增减衣服，调节好室温；时刻注意幼儿安全，室内一切物品放置在安全的地方，防止发生事故。

（7）做好家长工作，全面掌握幼儿的家庭情况，经常向家长汇报幼儿在园的表现，虚心听取家长的意见，每学期末做一次普遍性家访。

（8）参加政治、业务学习和教育研究活动，不断提高自身政治、文化、专业水平。

项目十一 婴幼儿认知发展指导

学习目标

知识目标

（1）了解婴幼儿认知能力。

（2）掌握婴幼儿认知能力训练的内容。

（3）掌握婴幼儿认知能力训练的注意事项。

能力目标

（1）能进行婴幼儿认知发展的初步指导。

（2）具备组织认知早教活动的基本能力。

情感目标

（1）热爱婴幼儿，热爱婴幼儿教育工作，具有正确的儿童教育观。

（2）创新教学方式和手段，激发婴幼儿的学习兴趣和探索精神。

> **案例导入**
>
> 根据给定游戏素材——海洋球、彩虹、手指颜料、卡纸，为30~36个月龄幼儿设计认知领域游戏。
>
> 要求方案完整、规范，包含游戏目标、游戏准备、游戏过程、家长引导语，语言清晰、简洁、明了，目标设计、内容选择、方法运用等满足家长科学育儿的需求，符合幼儿的年龄特点。模拟展示仪表大方，举止文雅，表情自然、丰富，有亲和力，语言规范，条理清楚，逻辑性强，表达流畅。

> **知识准备**

认知能力是个体认识客观世界、加工信息的能力，是感觉、知觉、记忆、想象、思维等按照一定的关系组成的功能系统。早期发展的认知领域活动能帮助婴幼儿更好地认识外在世界、适应社会、获得学习能力，对婴幼儿认知发展具有调节作用。

一、婴幼儿认知能力训练的内容

（1）自我身体的概念。培养婴幼儿对身体各个位置的认知、了解和控制，培养婴幼儿的自我意识。

（2）几何图形和颜色概念。婴幼儿大约在3个月大时可以分辨简单的图形；1岁左右开始认识红色和平面图形的大小；2岁时认识红色、黄色两种颜色，并能认识圆形、方形、三角形等基本的形状；3岁时能区分红、黄、蓝、绿四种颜色，能区分圆形、方形、三角形等基本的形状。

（3）大小概念。1岁幼儿有大小知觉的恒常性；2岁左右开始有大小的概念；3岁时可以在一组大小不等的东西中挑出最大的和最小的，还可以认识中等的概念。

（4）空间概念。空间概念的发展始于感知反应。发展最早的感觉是触觉，婴儿出生后3个月内主要依靠嘴巴的触觉。接着是视觉和听觉：1个月大的婴儿能够盯着进入眼帘的东西；2个月大时会追视；4个月大时具有了视觉分辨的能力，可以看清不同距离的物体。2~3个月大的婴儿会做出闭眼睛的反应，这是感物知觉。声音、光亮的刺激会使婴儿转头去寻找声源或光源。会爬的婴儿有了深度意识，会走以后，空间概念有了进一步发展，3岁的幼儿可以掌握上下、内外方位的概念。

（5）时间概念。婴幼儿从一日生活节奏中逐渐感受到时间的概念，如白天、黑夜、时间长短等。

（6）记忆力的发展。新生儿的记忆是短时记忆；2~3个月大时开始有长时记忆；4个月大时可以识别人与物；6个月大时能够区别生熟人；1岁时有了回忆，会寻找藏起来的东西；

2岁以后，形象记忆占主导地位。婴幼儿时期机械（照相）记忆模式以无意记忆为主，遗忘率很高。

二、婴幼儿认知能力训练的注意事项

（1）挑选婴幼儿最感兴趣的东西，以激发其好奇心，让婴幼儿多说、多听、多看、多摸、多动。

（2）适度帮助，尽量不给答案。

（3）要一件一件地教，避免混淆。

（4）多次重复，强化记忆（需要重复十几遍甚至几十遍才有效果）。

（5）使用简洁、正规的语言，如不要把汽车说成"嘀嘀"、把电灯说成"亮亮"等。

（6）对同一类东西要提供不同的样品，如吊灯、台灯、壁灯、路灯、车灯等，从具体到抽象，使婴幼儿逐步理解"词"的概括作用，发展思维能力。

（7）注重训练过程，不要过分追求训练结果。

任务实施

一、活动准备

（1）物品准备：海洋球、彩虹伞、游戏地垫、仿真幼儿模型、签字笔、记录本。

（2）照护者准备：着装整齐，适宜组织活动，普通话标准。

（3）环境准备：周围环境整洁、安全、温湿度适宜；为幼儿创设良好的活动环境。

（4）评估玩教具：用物准备齐全，干净、无毒、无害。

（5）评估幼儿：参加此活动的幼儿无须经验准备；评估幼儿精神状态是否良好、情绪是否稳定。

二、活动目标

（1）让幼儿认识红色，学会听指令做动作。

（2）让幼儿感受集体活动的乐趣，愿意参与集体活动。

三、活动过程

（一）热身准备

"宝宝们早上好，今天老师想带宝宝们去大森林里游玩。宝宝们想一想，大森林里都有哪些动物呢？明明小朋友说大森林里有小花猫，花花小朋友说大森林里有小鸭子。好，那么现在请宝宝们站起来，跟在老师身后，我们一起去大森林里游玩吧。小鸭子走路摇啊摇，小乌龟走路慢吞吞，小花猫走路静悄悄。好，现在请宝宝们坐在彩虹伞上面吧。"

（二）主体活动

1. 展示教具

"宝宝们看这是什么？这是海洋球。现在猜一猜哪一个是红色？明明小朋友。哦，我们的明明小朋友说这是红色。好，花花小朋友。我们的花花小朋友也说这是红色，真棒。宝宝们跟老师一起读，这是红色，这是红色，这是红色。

"好，宝宝们真棒。现在我们低头看一看彩虹伞。彩虹伞上有这么多的颜色，请宝宝们给老师指一指，哪一个是红色？花花小朋友太棒了，这是红色。还有哪一个是红色呢？这个也是红色。宝宝们真棒，跟着老师读，这是红色，这是红色。"

2. 游戏巩固

"现在老师想跟宝宝们玩一个小游戏，请宝宝们站起来。一会儿，老师要拍手数到三，当老师数到三的时候，请宝宝们站在红色的小格子里。好，那么我们现在开始吧，1、2、3！老师看到明明小朋友站在了这个格子里，那大家给明明小朋友指一指哪一个是红色，好不好？好，宝宝们真棒，现在请明明小朋友也站到红色的小格子里。好，玩了这么久，宝宝们都累了吧？现在请宝宝们去旁边喝口水，休息一下吧。

"最后啊，老师还想跟大家玩一个小游戏。一会儿，我们要放一首好听的音乐，请宝宝们跟随音乐动起来吧。当音乐停止的时候，宝宝们要站在红色的小格子里。那么我们现在开始吧。宝宝们太棒了，都站在了红色的小格子里。那么我们今天的活动到这儿就结束了。宝宝们再见！"

3. 活动延伸

"家长们好，今天是我们第一次学习认识红色，宝宝们都已经认识了红色，但是识别还不够迅速，请家长们回家之后多让宝宝认识一些红色的东西，如红色的气球、红色的衣服。好，家长们再见，宝宝们再见。"

整理现场用物，清理环境，在工作记录本上记录幼儿的表现。

4. 注意事项

（1）教学内容应符合幼儿年龄特点，具有趣味性、教育性。

（2）活动中要注意安全，有序组织。

（3）和家长沟通有效，通力合作。

任务评价

请根据学生任务完成情况填写任务评价表。

考核内容		考核点	分值	评分要求	得分
准备	照护者	着装整齐、适宜组织活动，普通话标准	2	不规范、不标准扣2分	
	环境	整洁、安全、温湿度适宜	2	不规范扣2分	
		创设适宜的活动环境	2	不规范扣2分	
	物品	相关玩教具及材料准备齐全，干净、无毒、无害	5	不规范扣5分	
	幼儿	评估幼儿经验准备	2	未评估扣2分	
		评估幼儿精神状况是否良好、情绪是否稳定	2	未评估扣2分	
计划	预期目标	口述：情感、认知、技能三维目标	5	未口述扣5分	
实施	活动过程	准确把握活动方案的意图，完成教学任务，达成教学目标	10	未达成扣10分	
		教学思路清晰，各环节过渡自然，时间分配合理	15	依欠缺程度扣1~15分	
		教学语言简洁流畅，用语准确，有启发性和感染力，有利于激发幼儿主动学习的兴趣	15	不合适扣15分	
		活动过程规范	10	不合适扣10分	
		教态自然大方，生动活泼，有亲和力	4	不规范扣4分	
		活动过程中具有一定的安全意识	4	依欠缺程度扣1~4分	
		流畅地组织、完成活动	2	不流畅扣2分	
	活动延伸	记录活动中每个幼儿的表现并进行评估	4	未记录并评估扣4分	
		与家长沟通幼儿表现，并进行指导	4	未沟通扣4分	
		整理用物，安排幼儿休息	2	未整理扣2分	
其他		活动过程中态度亲切，动作轻柔，有耐心，关爱幼儿	5	依欠缺程度酌情扣分	
		与幼儿有良好的互动，能给予及时的肯定和鼓励	5	没有互动扣5分	
总分			100		

> 拓展延伸

幼儿园教学教研工作制度

（1）成立园内教研组，负责制订活动计划和教研计划，按照计划组织开展教学研究活动。

（2）每学期组织教学观摩和教学研究活动，鼓励创新，观摩后组织讨论、评议、评分，并作为教师业务考核内容。

（3）教研组长要有计划地在本组内开展相互听课、评课等研讨活动，带领本组教师不断学习、不断提高组织教学能力。

（4）每学期期末，对各班进行教育质量检查和班级工作评估，开展评选优秀班级的活动。

（5）每学期围绕1~2个专题开展教研活动，切实提高实际教育教学工作的质量。教师在教研活动中应积极发表自己的见解，努力形成讨论、争鸣、探究的氛围。每位教师要找准一个目标进行研究，解决实际教学工作中遇到的难题，积极转变观念，提高自身素质。

（6）积极参加各级教育行政部门组织的各种教研活动。

（7）对于在省市级、国家级刊物上发表或参加市级以上交流的论文、实验报告等，予以奖励。

（8）不定期到其他幼儿园参观学习，开拓视野、取长补短。

（9）做好教研活动的书面记录，记录要规范化，以备归档。学期结束时，教研组要把本学期在活动中产生的各种资料交给业务园长，还应提倡和支持教师及时总结自己在教学活动中的经验。

（10）每学期期末进行一次专题经验交流总结，进行表彰奖励，由教研组长考核，并记入教师全面考核档案。

（11）切实做好青年教师结对培养和骨干教师培养工作。

项目十二

婴幼儿社会性发展指导

学习目标

知识目标

（1）了解婴幼儿社会性发展。
（2）掌握婴幼儿社会活动指导与设计的内容。
（3）掌握婴幼儿社会活动指导与设计的注意事项。

能力目标

（1）能进行婴幼儿社会性发展的初步指导。
（2）具备组织社会性领域早教活动的基本能力。

情感目标

（1）传递积极的情绪和态度，为婴幼儿营造一个温馨、愉快的学习环境。
（2）坚持以婴幼儿为本的理念，尊重、热爱、关心婴幼儿。
（3）遵守职业道德规范，对待幼儿公平、公正，保护婴幼儿的权益。

> **案例导入**
>
> 根据给定游戏素材——身体图片（鼻子、嘴巴、手等）、碗、勺子、手腕铃、丝巾、铃鼓、手指颜料、卡纸，以生活习惯为主题，为19~21月龄的幼儿设计情绪情感与社会性游戏。
>
> 要求方案完整、规范，包含游戏目标、游戏准备、游戏过程、家长引导语，语言清晰、简洁、明了，目标设计、内容选择、方法运用等满足家长科学育儿的需求，符合幼儿的年龄特点。模拟展示仪表大方，举止文雅，表情自然、丰富，有亲和力，语言规范，条理清楚，逻辑性强，表达流畅。

> **知识准备**

婴幼儿社会性的发展也称作婴幼儿的社会化，婴幼儿通过与社会、集体、个人的相互作用、相互影响，主动积极地掌握社会经验和社会关系。婴幼儿社会化是在一定社会环境影响下，朝着社会要求的方向不断发展并逐渐达到要求的过程，是适应社会生活的过程，是每个孩子成为负责任、有独立行为能力的社会成员的必经途径。

一、婴幼儿社会活动指导与设计的内容

1. 形成良好的人际关系

了解亲人、老师、同伴及其他人，同情、关心、热爱他们；学会等待、轮流、交换、分享、合作、谦让等交往技能；了解、热爱、关心自己所在的集体。

2. 爱护自然环境，适应社会环境

初步了解、熟悉、爱护家庭、幼儿园、社区等周围的环境，初步认识主要的生活机构和设施及其与人们生活的关系；了解社会及民族的风俗习惯、民间文化，爱家乡、爱祖国；初步掌握基本的生活自理能力，能做好力所能及的事情，具备一定的社会生活适应能力和自我保护意识；具有一定的社会责任感。

3. 遵守社会规范，形成良好的社会生活习惯

遵守基本的公共卫生规则，养成讲卫生的习惯；遵守爱护公物的规则，有爱护环境的意识；遵守学习活动中的规则；遵守与人交往的礼貌、礼节；有爱劳动、爱惜劳动成果的习惯；遵守公共交通规则等。

4. 加强对自我的认识、对他人的认识

理解不同人的态度、情感、行为，培养自信心、自尊心及自我控制的应变能力。

二、婴幼儿社会活动指导与设计的注意事项

1. 尊重、平等的原则

婴幼儿的社会化过程是习得社会技能，情感从萌芽到形成和巩固的漫长历程，而且还会出现反复。婴幼儿智力与非智力的发展存在个体差异，应尊重婴幼儿的个性特点，爱孩子，尊重孩子。婴幼儿和成人一样，有独特天性、人格和尊严。接纳和重视他们的选择和判断，有意识地培养婴幼儿的自主性，对于婴幼儿健康心理、健康人格的发展有着重要的意义和作用。

2. 自然性原则

让婴幼儿尽量在自然、真实的生活情境或成人创设的模拟情境中进行社会教育活动，强调自然、真实、贴近生活，以激发婴幼儿的真实情感，有效促进婴幼儿社会性的形成。

3. 整合性原则

婴幼儿社会性的发展是一个完整的知、情、意、行的学习过程。因此在活动设计的过程中要遵循教育的整合性原则，即考虑婴幼儿社会认知、社会情感、社会行为三方面的发展，将三者有机地融入活动，不能偏执其一，使内容割裂孤立，进而影响到婴幼儿活动的积极性，降低活动的效果。

任务实施

一、活动准备

（1）物品准备：礼仪主题音乐、彩虹伞、小动物头饰若干。

（2）照护者准备：着装整齐，适宜组织活动，普通话标准。

（3）环境准备：周围环境整洁、安全、温湿度适宜；为幼儿创设良好的活动环境。

（4）评估玩教具：用物准备齐全，干净、无毒、无害。

（5）评估幼儿：参加此活动的幼儿无须经验准备；评估幼儿精神状态是否良好、情绪是否稳定。

二、活动目标

（1）让幼儿知道别人呼叫自己时要及时回应，懂得这是一种礼貌行为。

（2）让幼儿在游戏过程中体验尊重他人的快乐。

三、活动过程

（一）主体活动

"宝宝们，你们好呀，欢迎你们来到美丽的大森林。大森林里有很多小动物，有小鸭子、

小兔子、小猴子、小狗、小猫。这些小动物们都非常有礼貌,他们见面都是怎么打招呼的呢?现在请宝宝们选择自己喜欢的头饰,戴在头上,变成小动物们吧。老师变成了小兔子,老师现在要跟小鸭子打招呼,小鸭子,你好呀。小鸭子要说小兔子,你好。对,真棒!小鸭子回答得真响亮。老师现在要跟小猫打招呼啦,小猫,你好呀。小猫回答得真可爱。小猴子,你好啊。小猴子回答得真高兴。

"宝宝们,我们现在把头饰摘下来吧。小动物们有自己的名字,宝宝们也有自己的名字。现在老师想请点到名字的宝宝快速回答'哎'。明明!明明你要大声地回答'哎',像老师这样:'哎!'明明真棒,回答得真好。小红!小红回答得真快。好啦,宝宝们,现在老师邀请点到名字的小朋友大声回答'哎'并迅速地站起来。明明!小红!宝宝们表现得都很棒。

"宝宝们真厉害,现在可以去旁边喝点水,休息一下。

"最后,老师想请点到名字的宝宝去自己家长的旁边。"

(二)活动延伸

"家长们好,今天我们带领宝宝们学习了'我会应答'。宝宝们学得都很好,但有的时候反应不是非常迅速,或者声音不够大。希望家长们在回家之后可以多领宝宝进行练习,让宝宝知道见到其他人时要打招呼,做一个有礼貌的好宝宝。宝宝们再见,家长再见。"

整理现场用物,清理环境,用工作记录本记录幼儿的表现。

(三)注意事项

(1)教学内容应符合幼儿年龄特点,具有趣味性、教育性。

(2)活动中要注意安全,有序组织。

(3)和家长沟通有效,通力合作。

任务评价

请根据学生任务完成情况填写任务评价表。

考核内容		考核点	分值	评分要求	得分
准备	照护者	着装整齐、适宜组织活动,普通话标准	2	不规范、不标准扣2分	
	环境	整洁、安全、温湿度适宜	2	不规范扣2分	
		创设适宜的活动环境	2	不规范扣2分	
	物品	相关玩教具及材料准备齐全,干净、无毒、无害	5	不规范扣5分	

续表

考核内容		考核点	分值	评分要求	得分
准备	幼儿	评估幼儿经验准备	2	未评估扣2分	
		评估幼儿精神状况是否良好、情绪是否稳定	2	未评估扣2分	
计划	预期目标	口述：情感、认知、技能三维目标	5	未口述目标扣5分	
实施	活动过程	准确把握活动方案的意图，完成教学任务，达成教学目标	10	未达成扣10分	
		教学思路清晰，各环节过渡自然，时间分配合理	15	依欠缺程度扣1~15分	
		教学语言简洁流畅，用语准确，有启发性和感染力，有利于激发幼儿主动学习的兴趣	15	不合适扣15分	
		活动过程规范	10	不合适扣10分	
		教态自然大方，生动活泼，有亲和力	4	不规范扣4分	
		活动过程中具有一定的安全意识	4	依欠缺程度扣1~4分	
		流畅地组织、完成活动	2	不流畅扣2分	
	活动延伸	记录活动中每个幼儿的表现并进行评估	4	未记录评估扣4分	
		与家长沟通幼儿表现，并进行指导	4	未沟通扣4分	
		整理用物，安排幼儿休息	2	无整理扣2分	
其他		活动过程中态度亲切，动作轻柔，有耐心，关爱幼儿	5	依欠缺程度酌情扣分	
		与幼儿有良好的互动，能给予及时的肯定和鼓励	5	没有互动扣5分	
总分			100		

> 拓展延伸

早期教育的途径

一、入户早教

入户早教是在专业的早教理论指导下，在家庭、社区等自然环境中，由专业的早教教师对婴幼儿进行一对一教育的形式。因为教育开展的环境是婴幼儿熟悉的地方，会减少婴幼儿的不适应。这种早教方式生活化、个性化，进行入户早教的教师在家庭教育中扮演着不同于父母的角色，不仅陪伴婴幼儿玩耍，还能适度引领，帮助孩子建立规则意识，为之后进入幼儿园奠定基础。

二、早教机构

大部分早期教育活动的开展地点在教育机构中。教师要通过参加集体教研、制订计划、撰写活动方案等方式准备好相关活动，并且提前准备活动所需的玩教具，保证材料丰富。环境创设也应根据活动主题有所变换。

三、线上早教

线上教育已然成为社会发展的新趋势，通过互联网进行大规模在线教育和个性化指导的早教服务模式已在北京、上海等一线城市展开，突破了时间与空间的限制，提高了早期教育的普及率。丰富的线上资源也可供家长便捷地使用。

参考文献

［1］彭英，潘建明，谢玉琳，等. 幼儿照护职业技能教材：初级［M］. 长沙：湖南科学技术出版社，2020.

［2］李季湄，冯晓霞.《3~6岁儿童学习与发展指南》解读［M］. 北京：人民教育出版社，2013.

［3］周昶，尹毅. 婴幼儿生活保育［M］. 北京：高等教育出版社，2022.

［4］人力资源和社会保障部中国就业培训技术指导中心. 育婴员：基础知识、五级、四级、三级：修订本［M］. 北京：海洋出版社，2013.

［5］方富熹，方格. 儿童发展心理学［M］. 北京：人民教育出版社，2005.

［6］湖南金职伟业母婴护理有限公司. 幼儿照护职业技能等级标准：标准代码：590005［S/OL］. http://oss.ouchn.cn/xfyh/职业技能等级标准/74.幼儿照护职业技能等级标准%20.pdf.

［7］国务院办公厅. 国务院办公厅关于促进3岁以下婴幼儿照护服务发展的指导意见［EB/OL］.（2019-05-09）. http://www.gov.cn/zhengce/zhengceku/2019-05/09/content_5389983.htm.

［8］何幼华. 幼儿园课程［M］. 北京：北京师范大学出版社，2001.